重庆市气象灾害年鉴
（2006—2010）

重庆市气象局

内容简介

本年鉴记录了重庆市2006—2010年发生的气象灾害。全书共分为5章，分别概述了期间逐年的气候概况、气象灾害，并对年内的重大气象灾害天气过程进行了较详细的描述。附录还对各年的气象灾情、重大气象灾害过程做了列表统计。

本年鉴可共从事气象、农业、水文、地质、环境等行业以及灾害风险评估管理等方面的业务、科研人员参考。

图书在版编目（CIP）数据

重庆市气象灾害年鉴：2006—2010 / 重庆市气象局．—北京：气象出版社，2013.9

ISBN 978-7-5029-5789-6

Ⅰ．①重… Ⅱ．①重… Ⅲ．①气象灾害－重庆市－2006～2010－年鉴 Ⅳ．①P429-54

中国版本图书馆CIP数据核字（2013）第215772号

重庆市气象灾害年鉴（2006—2010）

Chongqingshi Qixiang Zaihai Nianjian（**2006—2010**）

重庆市气象局

出版发行：气象出版社

地　　址：北京市海淀区中关村南大街46号　　**邮政编码**：100081

总 编 室：010-68407112　　**发 行 部**：010-68409198

网　　址：http://www.cmp.cma.gov.cn　　**E-mail**：qxcbs@cma.gov.cn

责任编辑：李太宇　俞卫平　　**终　　审**：章澄昌

封面设计：博雅思企划　　**责任技编**：吴庭芳

印　　刷：北京地大天成印务有限公司

开　　本：787 mm×1092 mm　1/16　　**印　　张**：7

字　　数：180千字

版　　次：2013年10月第1版　　**印　　次**：2013年10月第1次印刷

定　　价：50.00元

《重庆市气象灾害年鉴(2006—2010)》
编审委员会

编 写 组

主　编: 李　晶

副主编: 刘婷婷　闵凡花

编　委: 邹　倩　王　勇　雷　婷

董新宁　周　浩

序　言

气象灾害是指由气象原因直接或间接引起的、给人类和社会经济造成损失的灾害现象。重庆市由于受特定自然环境和大气环流的影响，天气复杂多变，气象灾害发生频繁。旱、涝、风、雹、雷电、高温、冻害、雪灾、连阴雨等常有发生，尤以旱、涝、风、雹为甚。

2008年3月由气象出版社出版的《中国气象灾害大典·重庆卷》记述了重庆市自汉代(公元前190年)至公元2000年期间的气象灾害。中国气象局自2004年起，针对每年全国的气象灾害编写了《中国气象灾害年鉴》。为了继续做好气象灾害的统计分析工作，重庆市气象局计划每5年编写一次《重庆市气象灾害年鉴》(以下简称《年鉴》)。

本《年鉴》针对2006—2010年重庆市的气象灾害进行了整理、统计、分析，并对各年重大气象灾害天气过程进行了较详细的描述，为研究自然灾害的演变规律、时空分布特征和致灾机理等提供了宝贵的基础信息，为开展灾害风险综合评估、科学预测和预防气象灾害提供了有价值的参考资料。

王银民*

2013年7月

---

* 王银民，重庆市气象局局长。

编写说明

一、资料来源

本《年鉴》气象资料来自重庆市气象局气象观测整编资料、天气气候情报分析、气候影响评估报告等。

各年总灾情数据、年内各类主要气象灾害总灾情数据(包括暴雨洪涝、大风冰雹、干旱、低温冻害及雪灾)来自《中国气象灾害年鉴》2006—2010年,数据由民政部、中国气象局统计提供。

年内各次重大灾害性过程的灾情数据,来源于重庆市各区、县气象部门上报的灾情直报。

二、气象灾害定义

本《年鉴》中气象灾害的定义是依据《中国气象灾害年鉴》及按重庆市地方标准制定的《气象灾害标准》。

1. 干旱

指因一段时间内少雨或无雨,降水量较常年同期明显偏少而致灾的一种气象灾害。干旱影响到自然环境和人类社会经济活动的各个方面。干旱导致土壤缺水,影响农作物正常生长发育并造成减产;干旱造成水资源不足,人畜饮水困难,城市供水紧张,制约工农业生产发展。

2. 暴雨洪涝

指长时间降水过多或区域性持续的大雨、暴雨以上强度降水以及局地短时强降水引起江河洪水泛滥,冲毁堤坝、房屋、道路、桥梁,淹没农田、城镇等,引发地质灾害,造成农业或其他财产损失和人员伤亡的一种灾害。

3. 大风

指瞬时风力达7级(风速13.9 m/s)以上的强风。

4. 冰雹

冰雹是指从发展强盛的积雨云中降落到地面的冰球或冰块,其下降时巨大的动量常给农作物和人身安全带来严重危害。冰雹出现的范围虽较小,时间短,但来势猛,强度大,常伴有狂风骤雨,因此往往给局部地区的农牧业、工矿企业、电讯、交通运输以及人民生命财产造成较大损失。

5. 雷电

雷电是在雷暴天气条件下发生于大气中的一种长距离放电现象,具有大电流、高电压、强电磁辐射等特征。雷电多伴随强对流天气产生,常见的积雨云内能够形成正负荷电中心,当聚集的电量足够大时,形成足够强的空间电场,异性荷电中心之间或云中电荷区与大地之间就会发生击穿放电,这就是雷电。雷电导致人员伤亡,建筑物、供配电系统、通信设备、民用电器的损坏,引起森林火灾,造成计算机信息系统中断,致使仓储、炼油厂、油田等燃烧甚至爆炸,危害人民财产和人身安全,同时也严重威胁航空航天等运载工具的安全。

6. 低温冻害及雪灾

低温冻害包括低温冷害、霜冻害和冻害。低温冷害是指农作物生长发育期间,因气温低于作物生理下限温度,影响作物正常生长发育,引起农作物生育期延迟,最终导致减产的一种农业气象灾害。霜冻害指在农作物、果树等生长季节内,地面最低温度降至 0℃以下,使作物受到伤害甚至死亡的农业气象灾害。冻害一般指冬作物和果树、林木等在越冬期间遇到 0℃以下,或剧烈降温天气引起植株体冰冻或丧失一切生理活力,造成植株死亡或部分死亡的现象。雪灾指由于降雪量过多,使蔬菜大棚、房屋被压垮,植株、果树被压断,或对交通运输及人们出行造成影响,导致人员伤亡或经济损失。

7. 高温热浪

将日最高气温大于或等于 35℃定义为高温日;连续 5 天以上的高温过程称为持续高温或“热浪”天气。高温热浪对人们日常生活和健康影响极大,使与热有关的疾病发病率和死亡率增加;加剧土壤水分蒸发和作物蒸腾作用,加速旱情发展;导致水电需求量猛增,造成能源供应紧张。

8. 连阴雨

连续6天以上的阴雨天气过程。

9. 森林火灾

指失去人为控制，并在森林内自由蔓延和扩展，对森林生态系统和人类带来一定危害和损失的森林火灾。

10. 病虫害

病虫害是农业生产中的重大灾害之一，是虫害和病害的总称，它直接影响作物产量和品质。虫害指农作物生长发育过程中，遭到有害昆虫的侵害，使作物生长和发育受到阻碍，甚至造成枯萎死亡；病害指植物在生长过程中，遇到不利的环境条件，或者某种寄生物侵害，而不能正常生长发育，或是器官组织遭到破坏，表现为植物器官上出现斑点、植株畸形或颜色不正常，甚至整个器官或全株死亡与腐烂等。

三、编写人员

本《年鉴》由重庆市气象台决策服务中心人员负责编写，气候中心有关人员提供了气候背景方面的材料。全书共分5章，第1,3,4章分别由邹倩、闵凡花、刘婷婷编写，第2,5章及附录部分由李晶编写，王勇、雷婷、董新宁提供了气候概况的内容。全书由李晶统稿，由刘德初审。

目　录

综　述

2006—2010 年，重庆市年平均气温均较常年均值偏高，但偏高程度呈下降趋势，其中 2006 年的年平均气温高达 18.6℃，为历年之最(图 1)。全市的年总降水量，除 2007 年较多、超过了常年均值外，其余 4 年均较常年偏少。尤其 2006 年的年总降水量只有 894.0 mm，仅次于 2001 年为历年第二低值(图 2)。

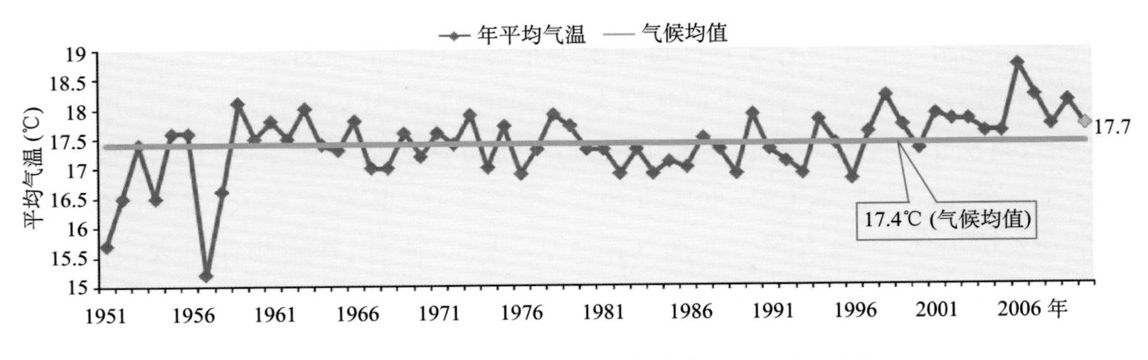

图 1　重庆市年平均气温(℃)逐年变化(1951—2010 年)

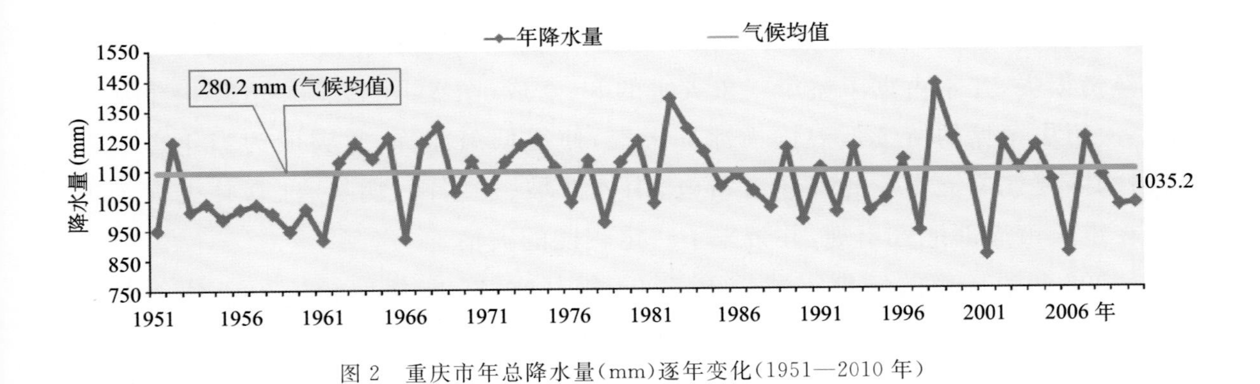

图 2　重庆市年总降水量(mm)逐年变化(1951—2010 年)

2006—2010 年，重庆市多次出现了极端天气气候事件。

2006 年夏季，重庆市大部地区遭遇了百年一遇的特大旱灾，旱灾持续时间之长、发生范围之广、干旱强度之大、灾害损失之重，均为自 1891 年有气象记录以来最严重的一次。

2007年夏季，重庆市的暴雨天气过程频繁，尤其是7月17日特大暴雨洪灾达到了百年一遇，西部局部地区的降水为当地有气象记录以来的最大值。

2008年1月中旬至2月初，重庆市遭受了持续的低温雨雪冰冻天气，过程时间长、降温幅度大、影响范围广，且伴随大范围的雨雪、冰冻天气，为重庆市近60年来罕见。

2009年冬季，重庆市各地气温异常偏暖。尤其是1月下旬后期至2月中旬前期，全市33个区县的平均气温为当地有气象记录以来同期最高值，2月12日南川、武隆日最高气温超过了30℃(分别为30.4、30.0℃)。

2010年重庆市的暴雨、强降水、强对流天气过程发生频繁，年内的暴雨洪涝灾害严重。先后出现了5月6日、6月7日、6月19日、6月23日、7月4日、7月8日、8月14日、8月21日、9月6日等9次区域暴雨天气过程，以及7月17日、9月9日等局地暴雨。其中7月8日区域暴雨为年内重庆市最强的暴雨天气过程，而7月17日局地暴雨天气范围虽小但强度大、持续时间长，且因四川境内发生连续强降水导致重庆市多个流域水位明显上涨，造成部分区县遭受严重的过境洪水。在5月6日强风雹、暴雨天气中，重庆市垫江、梁平等区、县发生大风、冰雹、暴雨灾害，个别乡镇出现11级大风。此次气象灾害，大风、冰雹、暴雨相伴出现，且大风发生在凌晨，毁坏房屋，倒折树木、中断交通，人员伤亡极其严重。就其综合影响看，是重庆市近20余年来最严重的风雹灾害，对垫江、梁平局部地区而言，为有气象记录以来最严重的风雹灾害。

2006—2010年，重庆市的气象灾害主要有暴雨洪涝、大风冰雹、干旱、低温冰冻及雪灾，尤其旱涝和风雹灾害，是影响重庆市的主要气象灾害，其造成的人员伤亡、经济损失，几乎占据了整个气象灾害的8～9成(图3,图4)。2008年由于发生了一次历史罕见的持续低温雨雪冰冻天气，使得低温冰冻、雪灾成为当年影响重庆市的主要气象灾害。此外还有雷电、山体滑坡、连阴雨、病虫害、森林火灾等灾害，在重庆市局部地区出现，并带来了一定程度的灾情。

2006年重庆市的气象灾情较重，2007年其次，2008年偏轻。2006年的气象灾害干旱最重，其造成的受灾人口、农作物受灾面积及直接经济损失均较严重，但死亡人数偏少；2007年的气象灾害暴雨洪涝最重，其同样造成了较重的经济损失和人员、农作物受灾，同时造成了较多的死亡人数；2008年的气象灾害低温冰冻、雪灾最重，旱涝、风雹灾害较轻，全年的灾情总体偏轻；2009、2010年重庆市的暴雨天气过程频繁，暴雨洪涝灾害较重，因灾造成的死亡人数也较多(图5)。

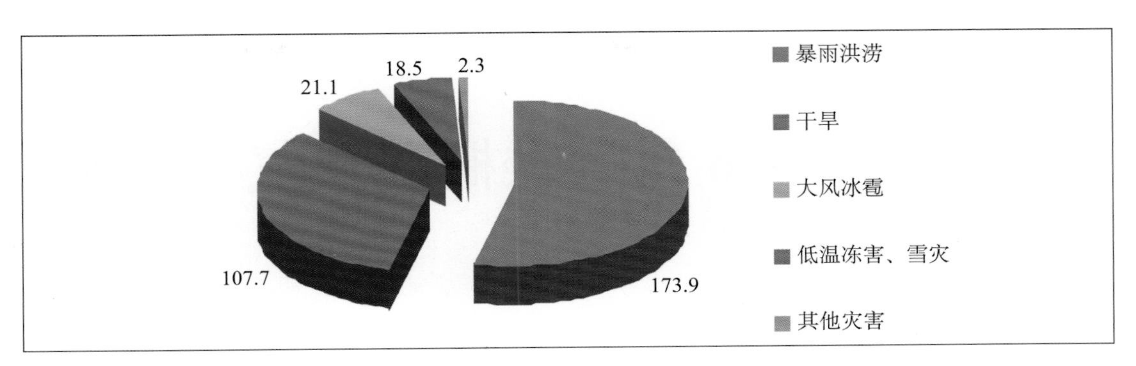

图 3　重庆市 2006—2010 年气象灾害直接经济损失示意图(单位:亿元)

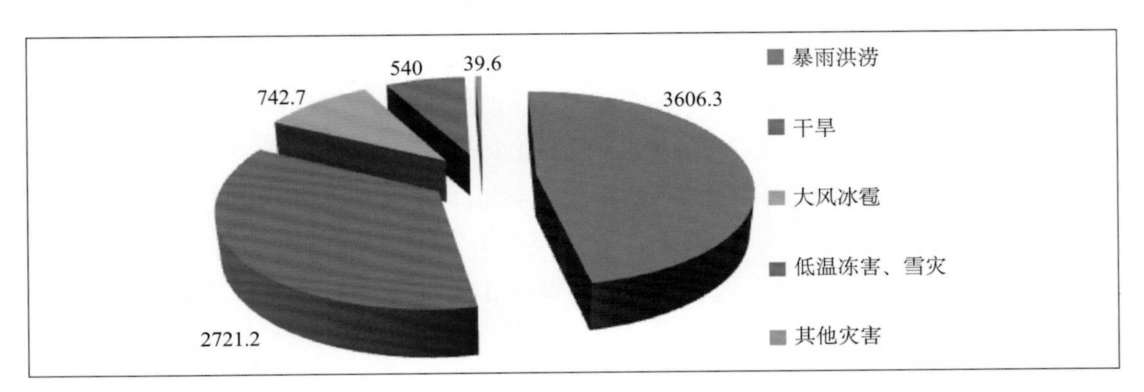

图 4　重庆市 2006—2010 年气象灾害受灾人口示意图(单位:万人)

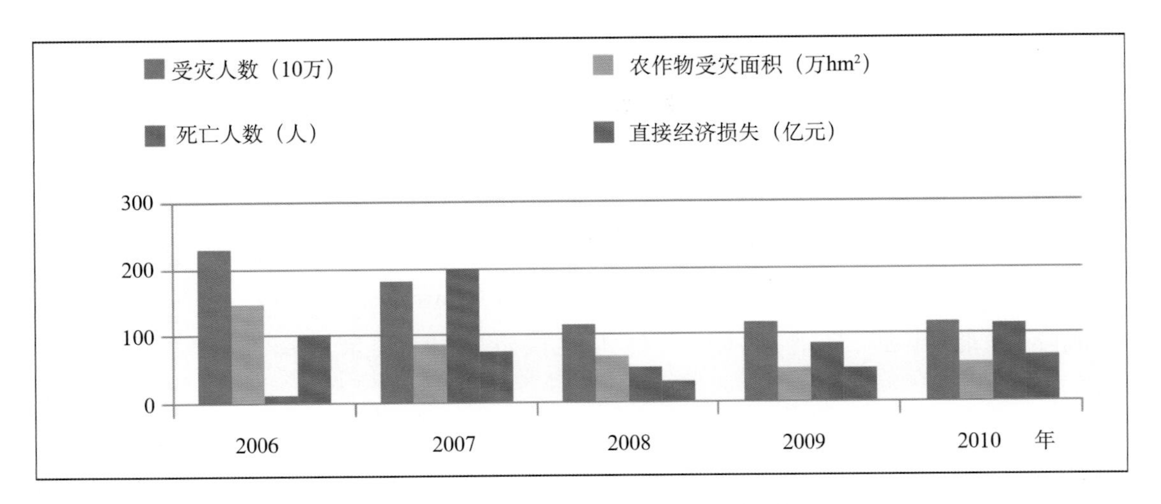

图 5　重庆市 2006—2010 年气象灾情统计情况

第1章　2006年气候概况及气象灾害

1.1　概述

1.1.1　2006年重庆市气候概况

2006年重庆市气温总体偏高，偏高幅度为历史之最；降水偏少，仅次于2001年为历史第二少年。年内春季气温偏高，但波动明显，4月上旬各地出现倒春寒天气，部分地区出现春旱；夏季各地降水持续偏少，加之连晴高温，大部地区出现百年一遇高温伏旱；秋冬季多阴雨及浓雾天气，大部地区11月中旬开始出现了20天左右秋季阴雨。

全市年平均气温18.6℃，较常年同期偏高1.4℃，自1997年以来连续第10年高于气候平均值，且偏高幅度为历史同期之最。各地气温：城口、酉阳等地15.1～16.1℃，其余地区17.1～20.3℃。其中，中西部及沿江河谷地区普遍超过18℃，开县、巫山、铜梁、綦江等地在20℃以上（图1.1.1）。与常年同期相比，各地气温普遍偏高，云阳偏高0.7℃，其余大部地区偏高1.0～1.9℃，铜梁偏高最多达2.3℃（图1.1.2）。

全市各月平均气温，2月与常年持平，其余各月气温均高于常年，偏高幅度大都在1.0℃以上，其中7、8月较常年偏高超过3℃（图1.1.3）。

全市平均年总降水量894 mm，较常年偏少约3成，为有历史记录以来第二低值年。大足、铜梁、潼南、永川等地674～743 mm，渝北、北碚、万盛、开县、石柱、秀山、酉阳等地超过1000 mm，其余地区750～1000 mm（图1.1.4）。与常年同期相比，武隆、渝北、丰都、北碚、酉阳、石柱等地接近常年，其余大部地区偏少2～4成（图1.1.5）。

各地年降水日数101～159天，大部地区较常年偏少20～40天，开县、万州、丰都等地偏少40～45天。全年有52站次出现暴雨，梁平、南川、石柱、渝北等地降了大暴雨。日最大降水量106.1 mm（渝北，5月23日）。

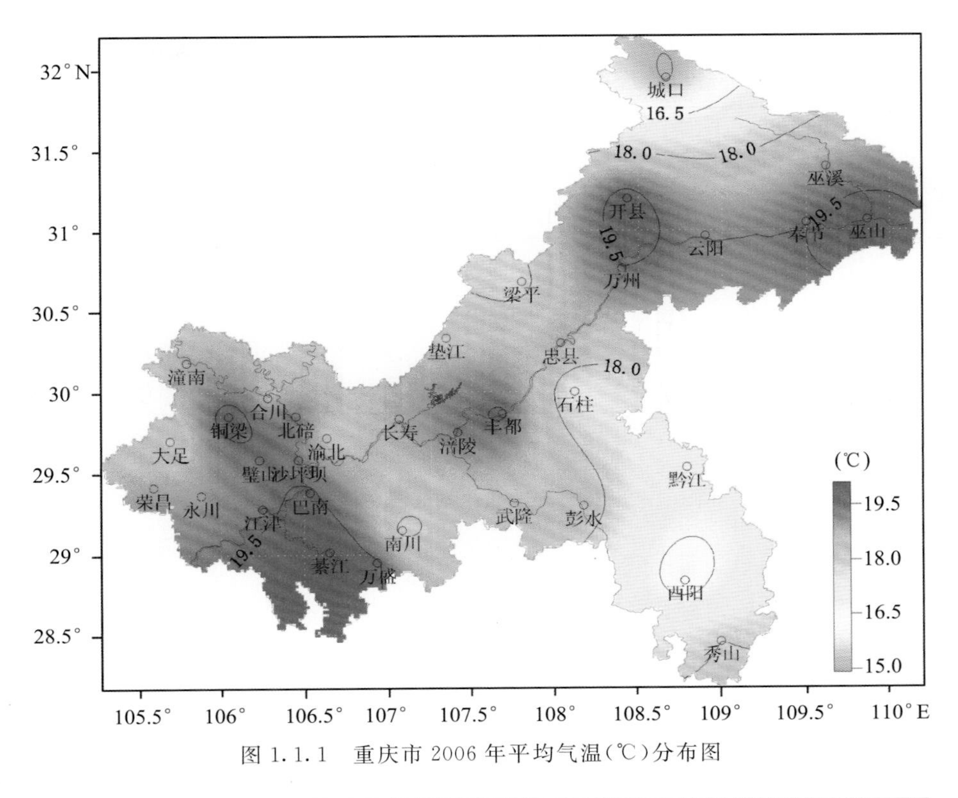

图 1.1.1　重庆市 2006 年平均气温(℃)分布图

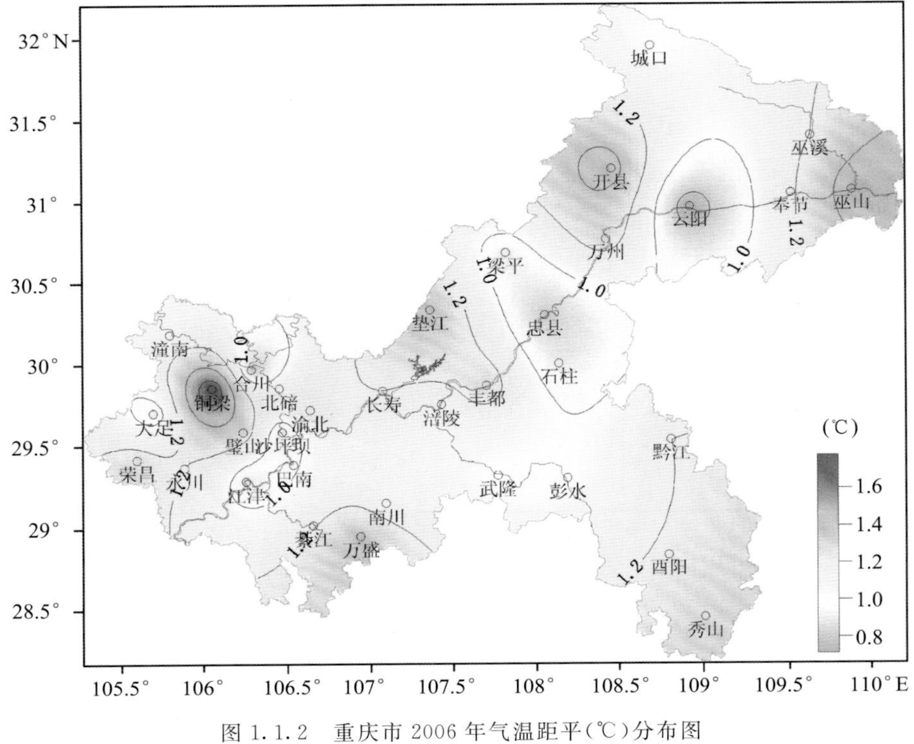

图 1.1.2　重庆市 2006 年气温距平(℃)分布图

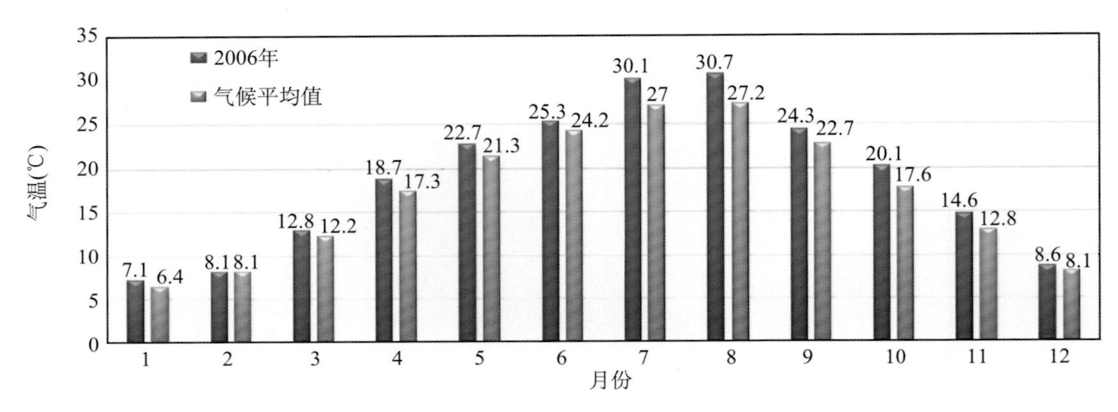

图 1.1.3　2006 年全市平均气温(℃)逐月变化

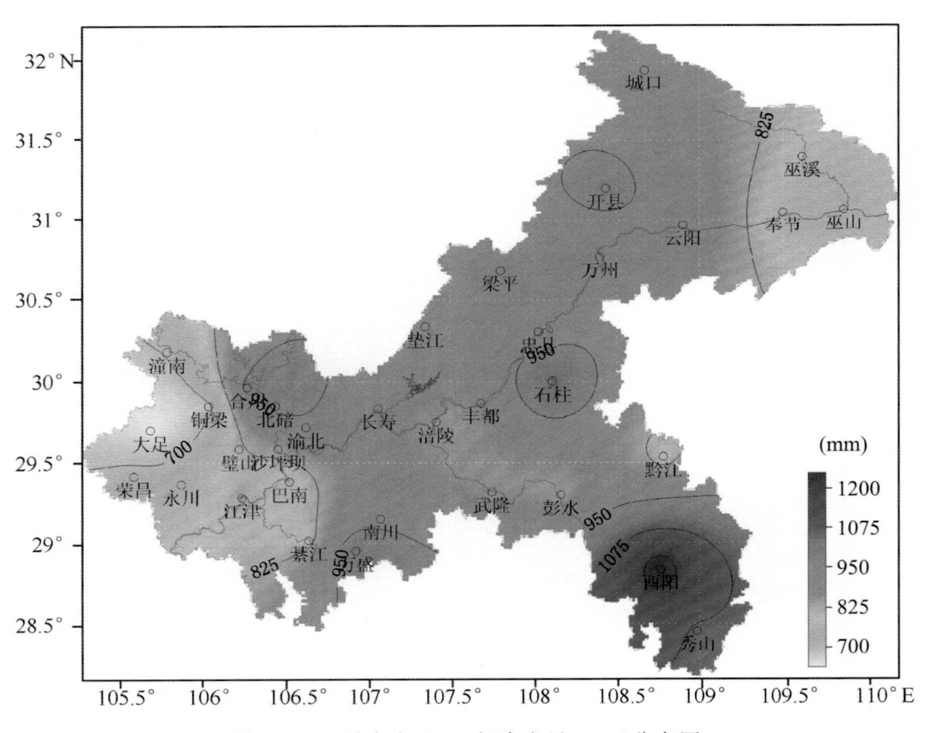

图 1.1.4　重庆市 2006 年降水量(mm)分布图

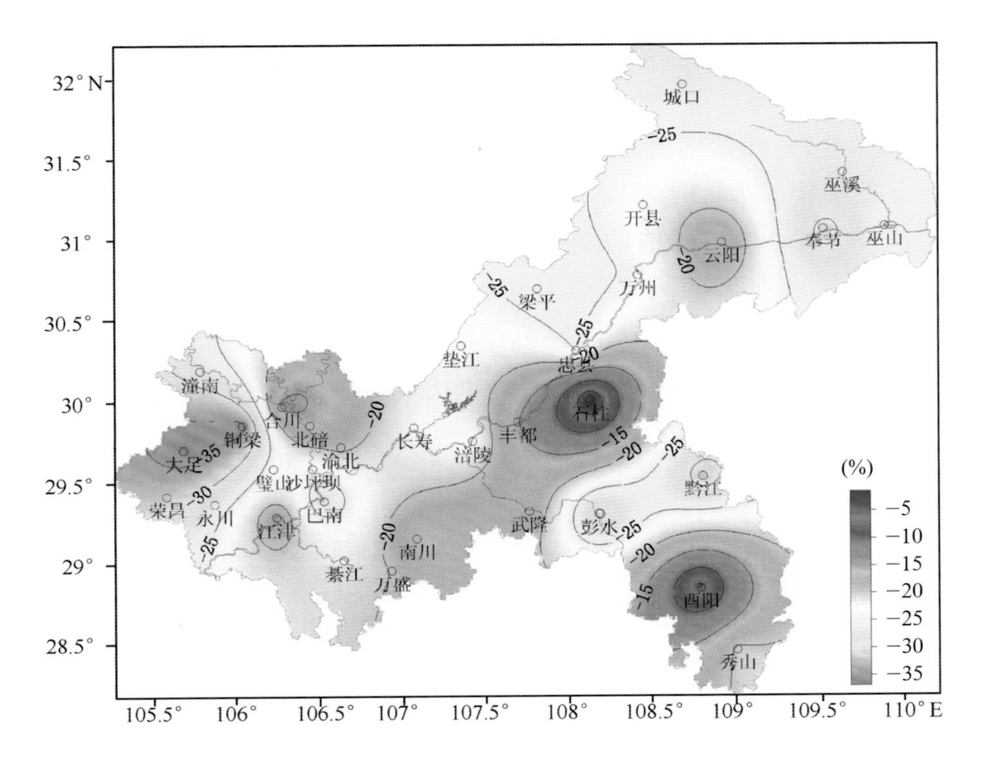

图 1.1.5　重庆市 2006 年降水距平百分率(%)分布图

重庆市各月降水，2 月偏多 1.5 倍，1、10 和 11 月接近常年，其余各月均少于常年，其中 6、7 月偏少 4～5 成，8 月偏少达 8 成(图 1.1.6)。

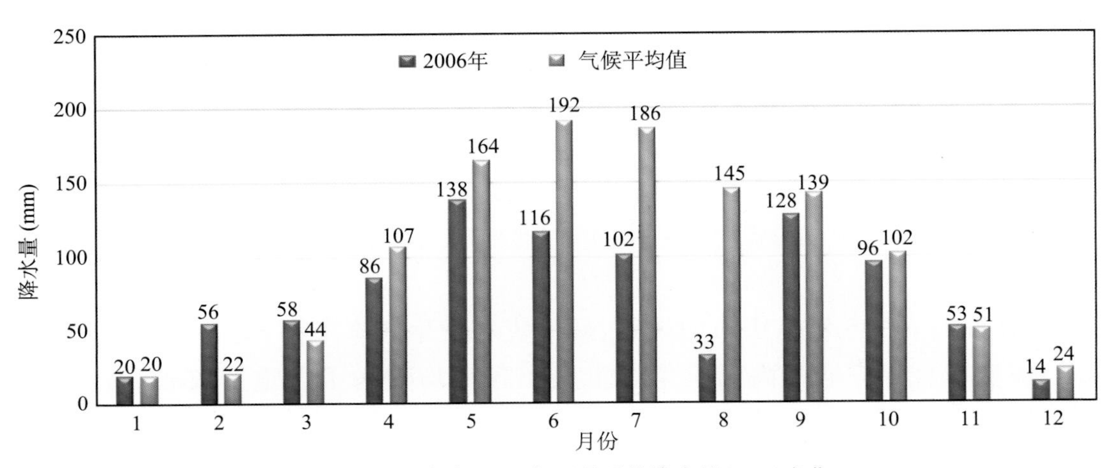

图 1.1.6　重庆市 2006 年逐月平均降水量(mm)变化

1.1.2 2006年重庆市气象灾害简况

2006年重庆市发生的气象灾害主要有干旱、风雹、暴雨,局部地区还出现了滑坡、低温冻害、雪灾、病虫害(图1.1.7)。年内气象灾害至3月后才开始出现,春季3—4月灾害不多,局部地区因强降温出现了雪灾、低温冻害、大风冰雹。初夏5—6月风雹、暴雨灾害多发,5月中旬至6月中旬重庆市东北部地区出现了严重的夏旱。盛夏7—8月,重庆市各地均发生了高温伏旱灾害,大部地区旱情严重为百年一遇,局部地区还出现了夏伏连旱;期间出现的几次强对流天气也导致局部地区发生了大风、冰雹、暴雨灾害。9月上旬各地旱情逐渐结束,重庆市的气象灾害也基本再未发生。

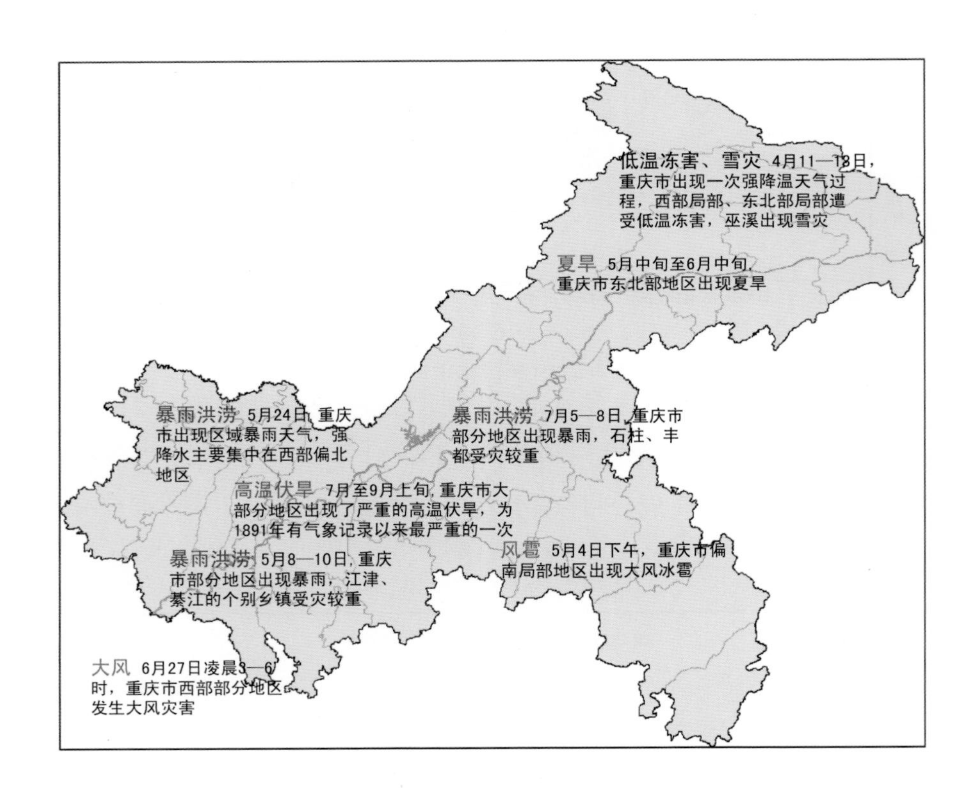

图1.1.7 2006年重庆市主要气象灾害分布示意图

总体而言,2006年重庆市的风雹、暴雨灾害发生频率不高,灾害损失也较常年偏轻;但盛夏百年一遇的高温伏旱给重庆市各地均带来了严重的灾害,造成了巨大的经济损失(图1.1.8,图1.1.9)。

据统计,重庆市全年的气象灾害共造成2302.5万人受灾,其中死亡10人,农作物受灾面积147.9万 hm^2,绝收面积39.1万 hm^2,直接经济损失101.4亿元。

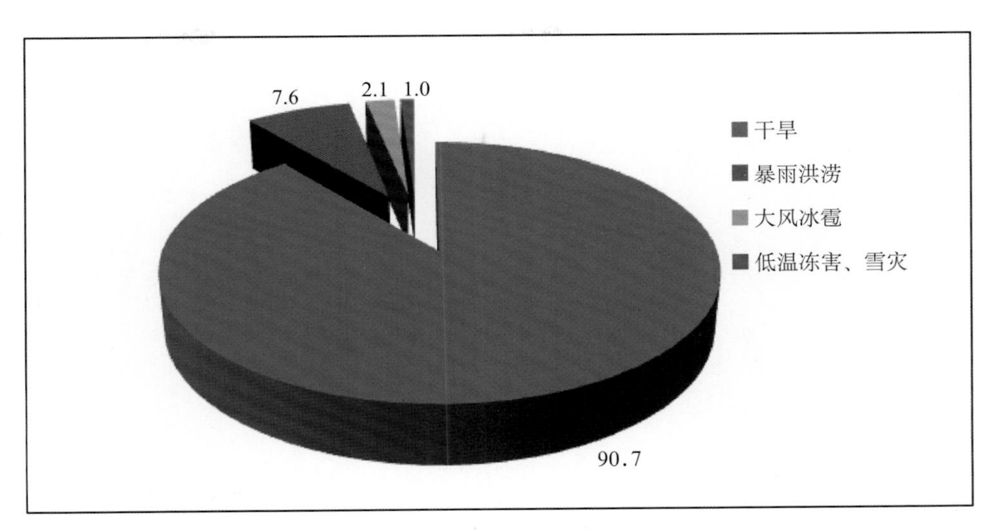

图1.1.8　重庆市2006年主要气象灾害直接经济损失示意图(单位:亿元)

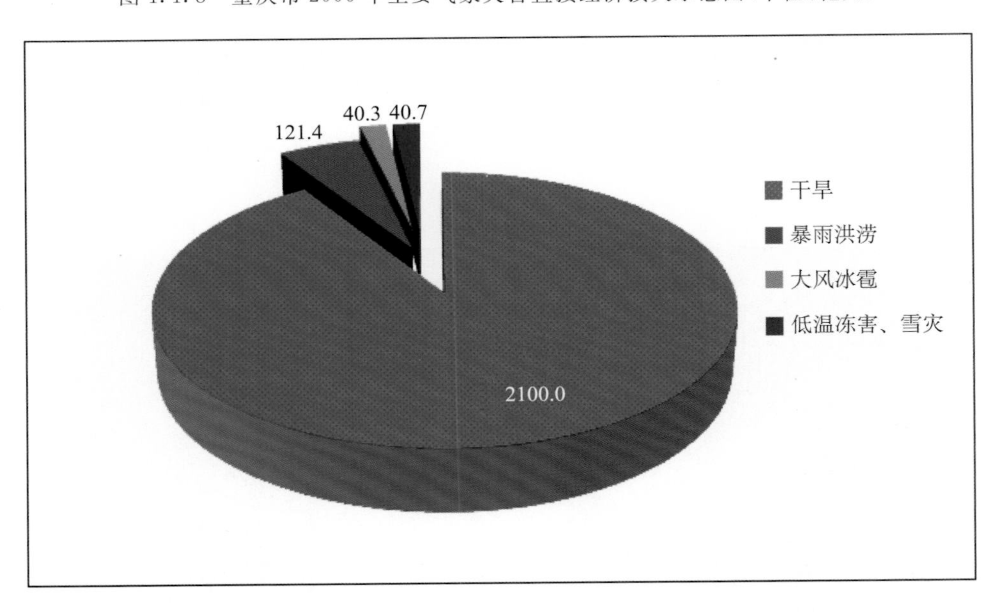

图1.1.9　重庆市2006年主要气象灾害受灾人口示意图(单位:万人)

1.2　干旱

2006年,重庆市大部地区出现了夏旱、高温伏旱灾害,局部地区出现了夏伏连旱(图1.2.1,图1.2.2)。

图 1.2.1　2006 年 7 月重庆市彭水县玉米受旱干枯(彭水县气象局提供)

图 1.2.2　2006 年 7 月重庆市云阳县干旱(云阳县气象局提供)

重庆市大部地区干旱总天数超过70天，巫山、巫溪、奉节、万州、黔江、彭水等地超过100天。綦江极端最高气温高达44.5℃，刷新了重庆市极端最高气温纪录。大江大河水位降到历史同期最低，出现了汛期枯水的现象。

干旱造成重庆市2100.0万人受灾，820.4万人出现饮水困难；农作物受灾面积达132.7万 hm^2，绝收面积37.5万 hm^2；直接经济损失90.7亿元。

1.2.1　夏旱

2006年5月中旬至6月中旬，重庆市东北部地区气温明显偏高，降水量显著偏少，导致这些地区旱情异常突出。

5月13日—6月20日，东北部地区平均气温较常年同期偏高1.3～2.1℃，创历史同期最高纪录(图1.2.3)。日最高气温≥35℃的高温日数6～13天，37℃以上高温日数4～5天，其中6月18—20日，巫山、巫溪、城口、开县、奉节等地日最高气温突破40℃，高温持续时间之长，高温强度之大均创历史同期最高纪录。

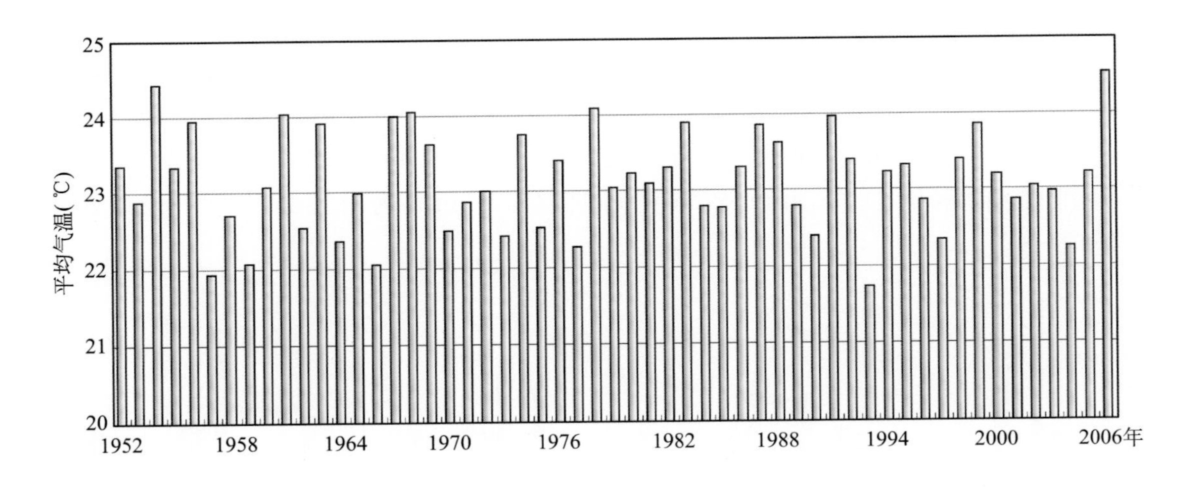

图1.2.3　重庆市东北部5月13日—6月20日平均气温(℃)历年变化

5月13日—6月20日，万州、云阳、开县、奉节、巫山、巫溪等地雨量不足30 mm，偏少9成左右；东北部平均降水量仅39.6 mm，偏少166.2 mm，雨量之少创历史同期最少纪录(图1.2.4)。

降水量显著偏少，加之气温明显偏高，导致重庆市东北部地区出现历史罕见夏旱，巫溪、开县、云阳、奉节、巫山、万州、城口等地40天左右；渝东北平均夏旱日数为36天，为有气象记录以来之最。

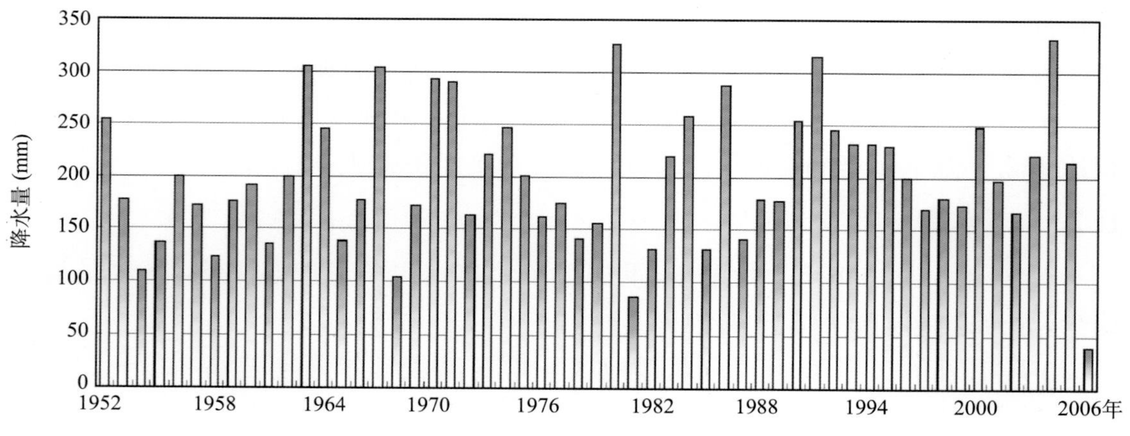

图 1.2.4　重庆市东北部 5 月 13 日—6 月 20 日降水(mm)历年变化

1.2.2　高温伏旱

2006 年 7 月至 9 月上旬，重庆市降水持续偏少，气温异常偏高，高温强度大，持续时间长，蒸发量大，使全市 7 月初开始的伏旱加重，酿成大部地区百年一遇的特大干旱。

7 月 1 日—9 月 3 日，重庆市各地降水量 12.6～343.2 mm，较常年同期偏少 5～8 成，其中合川、北碚、铜梁、长寿等地降水不足 40 mm，较常年同期偏少 9 成。重庆市平均降水量 126.2 mm，较常年偏少 203.4 mm，为有正式气象记录以来第二低值(图 1.2.5)。

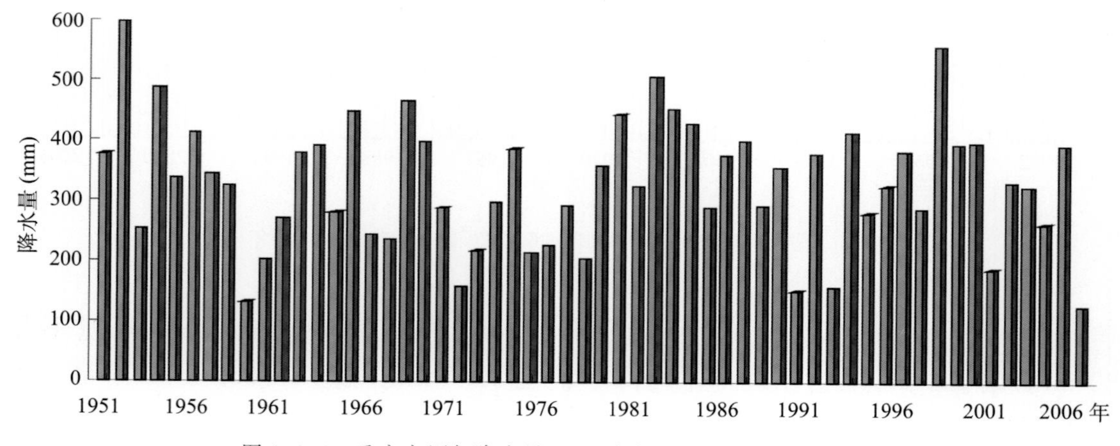

图 1.2.5　重庆市历年降水量(mm)变化(7 月 1 日—9 月 3 日)

重庆市 2006 年盛夏降水严重偏少，沙坪坝 7 月 11 日—9 月 3 日降水量为 1891 年以来同期最少(图 1.2.6)。据统计研究，沙坪坝的历史降水变化趋势能反映全市大部地区降水变化趋势，因此，重庆市 2006 年盛夏伏旱高温整体上讲(除渝东南部酉阳、黔江、秀山等区县外)为百年一遇特大高温干旱。

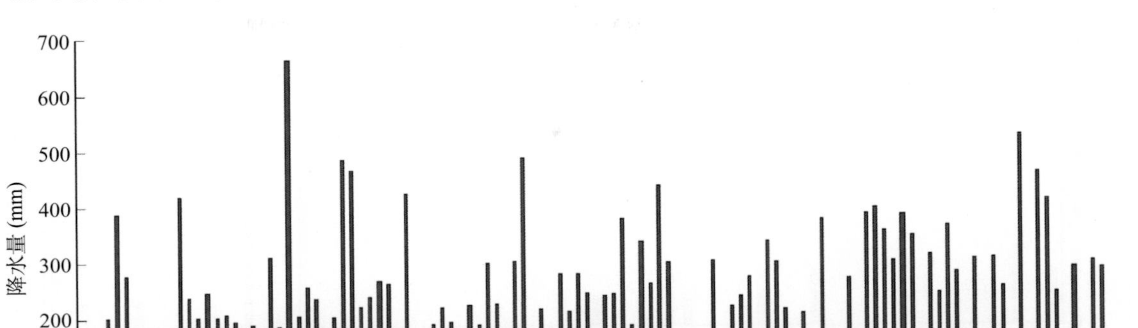

图 1.2.6　重庆市沙坪坝 1891—2006 年降水演变(7 月 11 日—9 月 3 日)

7 月 11 日—9 月 3 日,各地平均气温与常年同期相比,偏高 2.0～5.3℃,大部地区创历史同期最高。重庆市日最高气温≥35℃的高温日数普遍在 42 天以上,渝西大部超过 50 天;重庆市日最高气温≥37℃暑热天气普遍在 28 天以上,排历史同期第一位;有 30 个区、县日最高气温突破 40℃,其中 22 个区、县日最气温≥40℃的酷暑天气在 10 天以上,綦江、北碚、万盛、江津等地达 20～24 天,巴南达 25 天,创历史同期最高纪录。綦江 8 月 15 日、9 月 1 日最高气温达到 44.5℃,为重庆市出现的历史最高气温纪录;重庆市 34 个气象测点共有 24 站日最高气温突破历史最高值。

重庆市大于 35℃的高温主要出现在盛夏 7、8 月份,2006 年 7 月 11 日—9 月 3 日,沙坪坝日最高气温大于 37℃、40℃的天数均为历史同期第一位(图 1.2.7,图 1.2.8)。

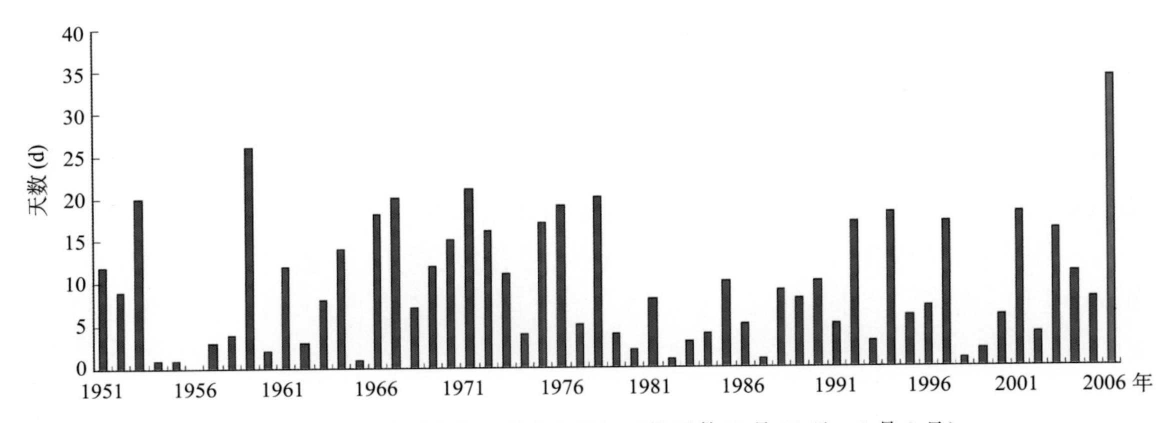

图 1.2.7　重庆市沙坪坝日最高气温≥37℃天数(7 月 11 日—9 月 3 日)

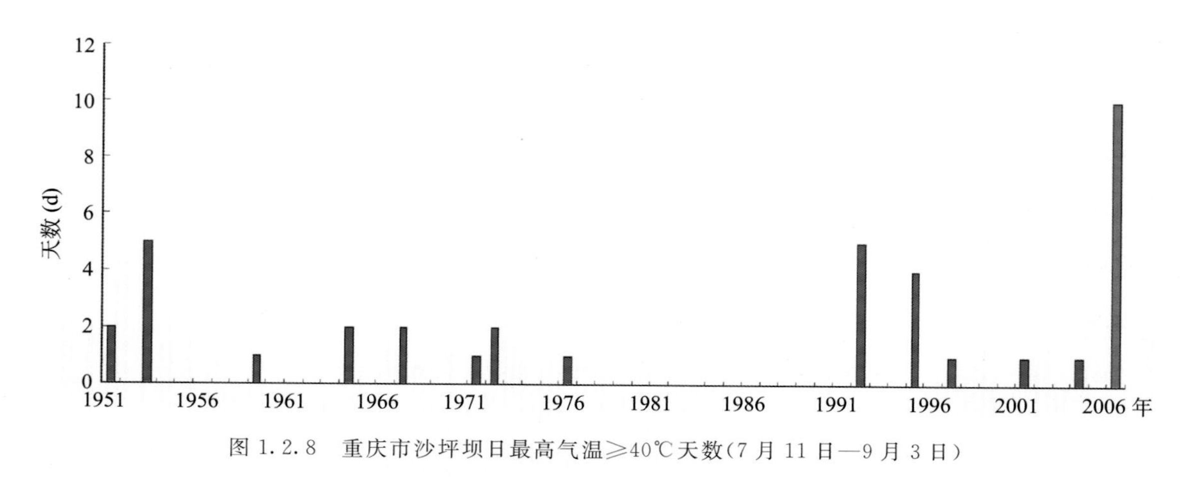

图 1.2.8 重庆市沙坪坝日最高气温≥40℃天数(7月11日—9月3日)

2006年重庆市百年一遇的高温干旱对社会经济和人民生活影响巨大。仅就粮食生产而言,根据灾情调查综合分析,渝东北地区粮食平均损失25%~30%,渝西、渝中地区产量减产15%~20%,东南部地区粮食减产10%左右。就总体经济损失而言,渝西片区受灾最重,其次是渝东北、渝中地区,而渝东南地区相对较轻。

1.3 暴雨

2006年重庆市的暴雨主要集中在5月至7月上旬,重庆市28个区、县出现了暴雨,全年共出现暴雨55站次,其中影响范围较大的有5月8—10日局地暴雨、5月24日区域暴雨、7月4—8日局地暴雨。

年内暴雨灾害造成重庆市121.4万人受灾,其中死亡9人;农作物受灾面积达10.0万hm^2,其中绝收面积1.1万hm^2;损坏房屋6.1万间,倒塌房屋2.3万间;死亡大牲畜1.4万头;直接经济损失7.6亿元。

1.3.1 5月8—10日局地暴雨

2006年5月7日夜间至10日白天,重庆市出现该年的首次强降雨,各地普降中到大雨,部分地区出现暴雨。8日夜间至9日白天丰都、巫山、黔江、酉阳及綦江、江津、彭水的局部乡镇出现暴雨,9日夜间至10日白天合川、璧山、垫江出现暴雨;部分地区还出现了大风、冰雹以及局地山体滑坡。

5月7日20时至10日20时的累计雨量,合川、璧山、万盛、长寿、丰都、垫江、武隆、秀山、酉阳、彭水、黔江、巫山等12个区、县超过50 mm,其中酉阳超过100 mm(123.2 mm)(图1.3.1)。

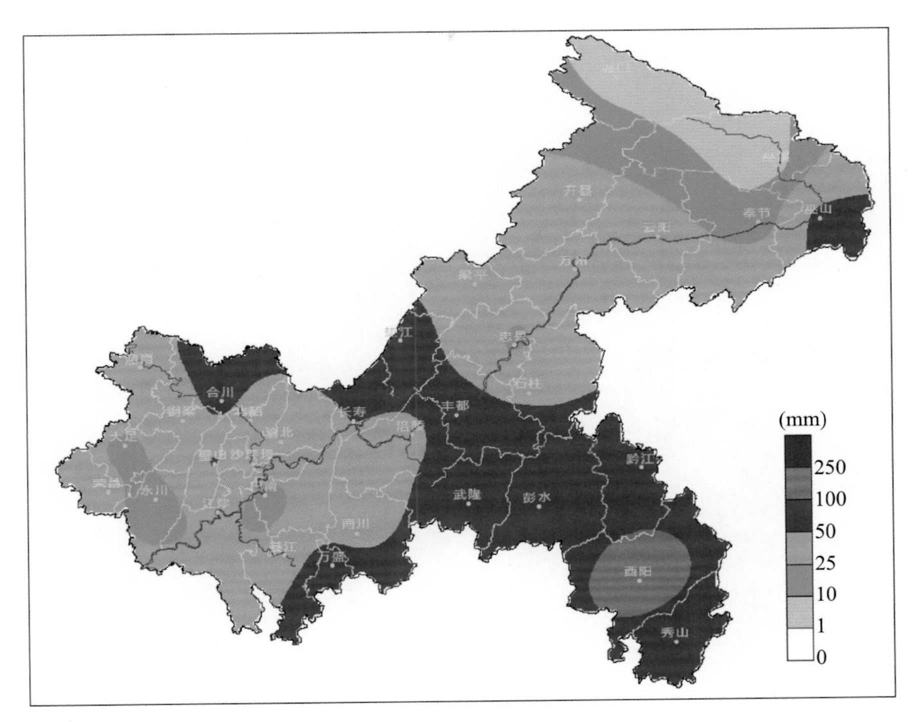

图 1.3.1　重庆市 2006 年 5 月 7 日 20 时—10 日 20 时雨量分布图

据区、县气象部门上报的灾情统计，此次过程造成江津、綦江、彭水、黔江、合川、巫山、丰都等地受灾；受灾人口 25.3 万人，死亡 2 人，被困 72 人，紧急转移安置 3187 人；农作物受灾面积 9112 hm^2，绝收面积 490 hm^2；房屋损坏 2317 间，倒塌 500 间；公路损失 61.5 km，其他基础设施遭到严重破坏。直接经济损失 7832 万元，其中农业直接经济损失 4001 万元。

1.3.2　5 月 24 日区域暴雨

2006 年 5 月 23 日夜间至 24 日白天，重庆市出现一次区域暴雨天气过程，北碚、沙坪坝、长寿、涪陵、垫江、忠县达暴雨，合川、渝北达大暴雨，其余大部地区中到大雨(图 1.3.2)。

据区、县气象部门上报的灾情统计，此次暴雨天气过程造成渝北(图 1.3.3)、北碚、合川、涪陵、璧山、沙坪坝、潼南、巴南等地受灾，受灾人口达 58.9 万人，其中受伤 11 人，转移安置 38 人，农作物受灾面积 1.5 万 hm^2、成灾面积 1745 hm^2、绝收面积 1325 hm^2，房屋损坏 1717 间、倒塌 265 间，直接经济损失 6383 万元，其中农业经济损失 2758 万元。

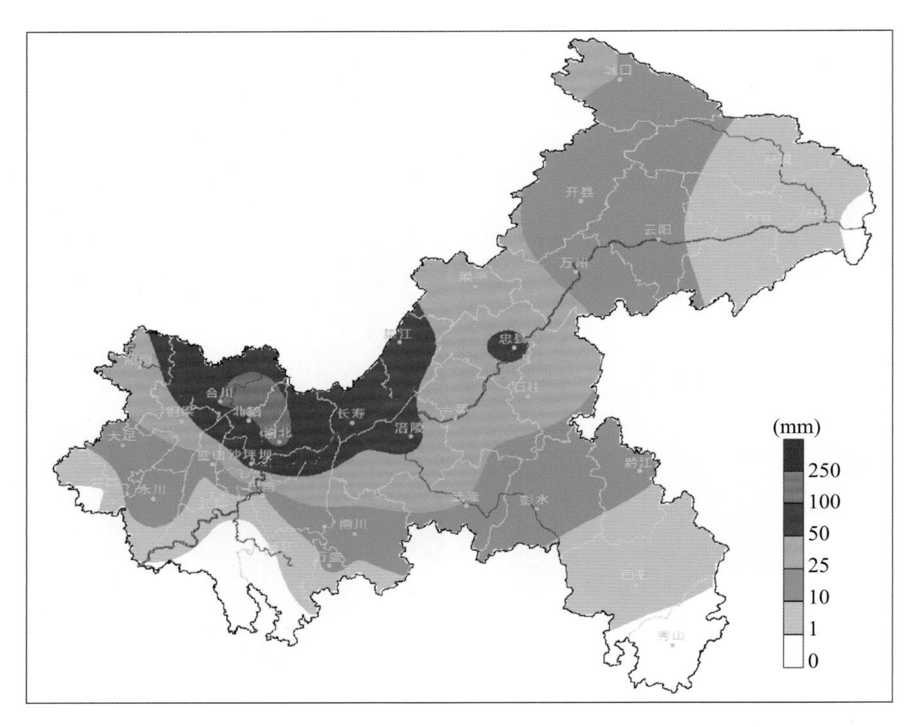

图 1.3.2　重庆市 2006 年 5 月 23 日 20 时—24 日 20 时雨量分布图

图 1.3.3　2006 年 5 月 24 日重庆市渝北区大暴雨(渝北区气象局提供)

1.3.3　7 月 5—8 日局地暴雨

2006 年 7 月 4 日夜间至 8 日白天，重庆市出现了一次强降水天气，部分地区达暴雨。4 日夜间至 5 日白天丰都、忠县、奉节、巫山达暴雨，石柱达大暴雨，5 日夜间至 6 日白天酉阳达暴雨，6 日夜间至 7 日白天沙坪坝、江津、万盛、武隆达暴雨，7 日夜间至 8 日白天南川达大暴雨。

4 日 20 时至 8 日 20 时的累计雨量，沙坪坝、巴南、璧山、永川、江津、万盛、南川、丰都、武隆、秀山、酉阳、石柱、忠县、奉节、巫山等 15 个区、县超过 50 mm，其中南川、酉阳、石柱、忠县超过 100 mm，最大雨量出现在石柱（204.7 mm）（图 1.3.4）。

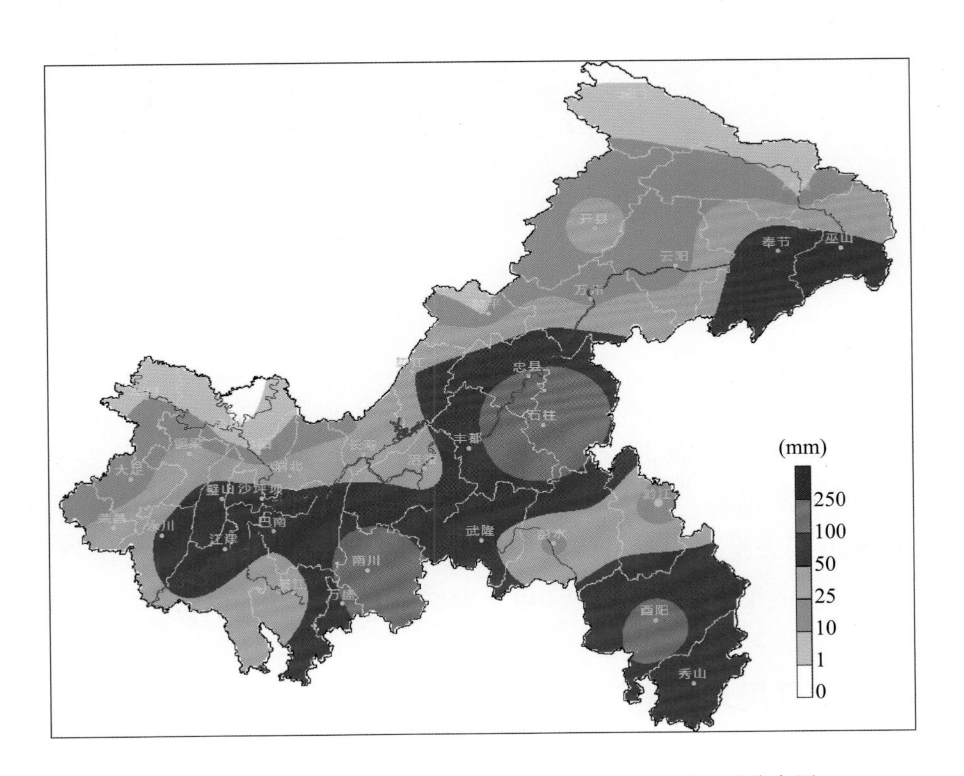

图 1.3.4　重庆市 2006 年 7 月 4 日 20 时—8 日 20 时雨量分布图

据区、县气象部门上报的灾情统计，此次暴雨天气过程造成石柱（图 1.3.5）、丰都、万州、奉节等地受灾，受灾人口达 108.8 万人，其中死亡 4 人，失踪 1 人，受伤 70 人，农作物受灾面积 7.4 万 hm^2、成灾面积 3.6 万 hm^2、绝收面积 2891 hm^2，房屋损坏 5553 间、倒塌 1852 间，直接经济损失 1.1 亿元。

图 1.3.5　2006 年 7 月 5 日重庆市石柱县大暴雨引发山洪(石柱县气象局提供)

1.4　大风冰雹

2006 年,重庆市风雹灾害主要出现在春季 4 月、初夏 5—6 月及盛夏 8 月,东南部、西部出现频率较高。较大的风雹灾害为 5 月 4 日局地风雹、6 月 27 日大风。

全年的风雹灾害造成重庆市 40.3 万人受灾,其中死亡 1 人;农作物受灾面积达 2.0 万 hm^2,其中绝收面积 2000 hm^2;房屋损坏 8.4 万间,倒塌 3.0 万间;直接经济损失 2.1 亿元。

1.4.1　5 月 4 日局地风雹

2006 年 5 月 4 日下午,南川、武隆、彭水等地遭受风雹袭击,风力 6～7 级,沟口、河谷地带风力达 9 级;雹粒直径大部分为 1.0～2.0 cm,最大直径 2.5 cm,持续时间约 20～30 min;武隆部分地区冰雹堆积达 15 cm 厚,造成农作物和经济作物大面积受损,部分房屋遭受不同程度的毁坏。

据区、县气象部门上报的灾情统计,共造成 9.1 万人受灾,农作物受灾面积 3077.5 hm^2、绝收面积 151.0 hm^2,房屋损坏 936 间、倒塌 16 间,造成直接经济损失917.0万元。

1.4.2　6月27日大风

2006年6月27日凌晨3—6时，重庆市璧山、永川、江津(图1.4.1)、渝北出现雷雨大风天气，江津风力8～10级，其余地区最大风力7～8级，持续时间1～3小时不等，导致房屋损坏倒塌、电杆吹倒、农作物吹倒、树木被毁。

据区、县气象部门上报的灾情统计，共造成13.7万人受灾，转移安置136人，农作物受灾面积3700 hm^2，损坏房屋4960间，倒塌房屋104间，造成直接经济损失1200万元。

图1.4.1　2006年6月27日重庆市江津区的大风吹倒玉米(江津区气象局提供)

1.5　低温冻害、雪灾

2006年春季，重庆市因几次强降温天气造成部分地区出现了低温冻害、雪灾。尤其4月11—13日的强降温天气过程，影响范围广、降温幅度大，造成了明显的倒春寒，局部山区还出现雪灾。

全年的低温冻害、雪灾共造成40.7万人受灾，农作物受灾面积3.2万 hm^2，绝收面积0.4万 hm^2，房屋倒塌1000间，直接经济损失1.0亿元。

1.5.1　4月11日强降温

受北方强冷空气活动影响，2006年4月11日，重庆市出现一次强降温天气过程，30个区、县过程降温幅度超过10℃，其中万盛、丰都等地降温达16～17℃。降温范围之广、幅度之大，为有正式气象记录以来春季所仅有，在全年寒潮降温记录中也极为罕见(图 1.5.1)。

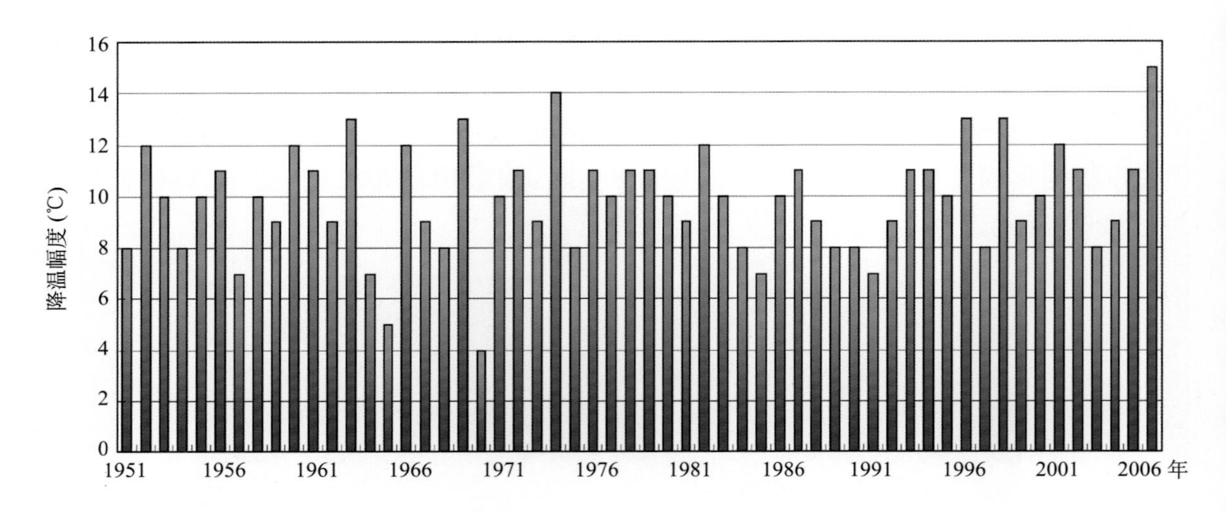

图 1.5.1　沙坪坝历年春季平均气温(℃)最高降幅

4 月 12—13 日，重庆市最低气温普遍降至 10℃以下，其中永川、大足、沙坪坝、酉阳、合川、南川、渝北、巫溪等地降至 4～6℃，城口最低气温只有 1.3℃。大部地区较常年同期偏低 4～8℃，巫溪、渝北、合川、璧山、永川、北碚、巴南、城口、江津等地偏低在 7℃以上。4 月 13 日，沙坪坝最低气温降至 5.9℃，为自 1951 年以来 4 月中旬历史最低值。

此次强降温天气造成合川、潼南、沙坪坝、忠县等地农作物受灾，巫溪还出现了雪灾。

1.6　其他灾害

1.6.1　滑坡

2006 年 7 月 7 日，垫江县永安镇先锋水库由于强降水导致山体滑坡。

2006 年 5—7 月，潼南县累计发生山体滑坡 6 处，山体崩塌事件 3 处。

1.6.2　病虫害

2006 年 7 月上旬，丰都县武平镇 80 hm^2 面积的柏木林遭受大柏毛虫危害。

第2章　2007年气候概况及气象灾害

2.1　概述

2.1.1　2007年重庆市气候概况

2007年重庆市气温总体偏高，偏高幅度仅次于2006年；降水偏多，为自1951年以来第五丰水年。年内暖冬明显，为自1951年以来仅次于1987年最暖的冬季；入春普遍偏晚，春季气温出现明显波动；春末夏初西部偏西地区因降水持续偏少，不同程度出现干旱；6、7月出现了5次区域性强降水过程，7月16—22日，渝西局部地区出现百年不遇暴雨灾害；秋冬季多阴雨及浓雾天气，各地不同程度出现连阴雨。

重庆市年平均气温18.2℃，较常年同期偏高0.8℃，自2001年以来连续第七年高于气候平均值，偏高幅度仅次于2006年。各地平均气温分布：城口、酉阳、石柱、黔江等地14.5～16.6℃，其余地区17.3～19.3℃。中西部及沿江河谷地区普遍超过18℃，其中巴南、巫山、綦江、开县等地在19℃以上（图2.1.1）。潼南居历史同期最高值，有8个区、县为次高值，其余地区分列3～10位。与常年同期相比，各地气温普遍偏高，除云阳、忠县、石柱接近常年，其余大部地区偏高0.6～1.0℃，长寿、开县、潼南、黔江、铜梁、垫江等地偏高1.0℃以上（图2.1.2）。

重庆市各月平均气温，1至8月气温逐月上升，而后逐渐降低。1、4、6、9、11月接近常年，7月偏低0.6℃，其余月份气温均偏高1.0℃以上，其中2月偏高3.4℃（图2.1.3）。重庆市年极端最低气温－4.6℃（城口，1月8日），极端最高气温39.5℃（万盛，8月8日）。

重庆市平均年总降水量1274.5 mm，较常年同期偏多11.2%，为自1951年以来第五高值。重庆市各地降水：潼南、江津、綦江、荣昌等地950～1050 mm，彭水、黔江、合川、秀山等地超过1500 mm（图2.1.4），其余地区1050～1500 mm。与常年同期相比，北碚、彭水、秀山、黔江、沙坪坝、武隆、铜梁、合川、璧山等地偏多2～4成，其余地区接近常年（图2.1.5）。

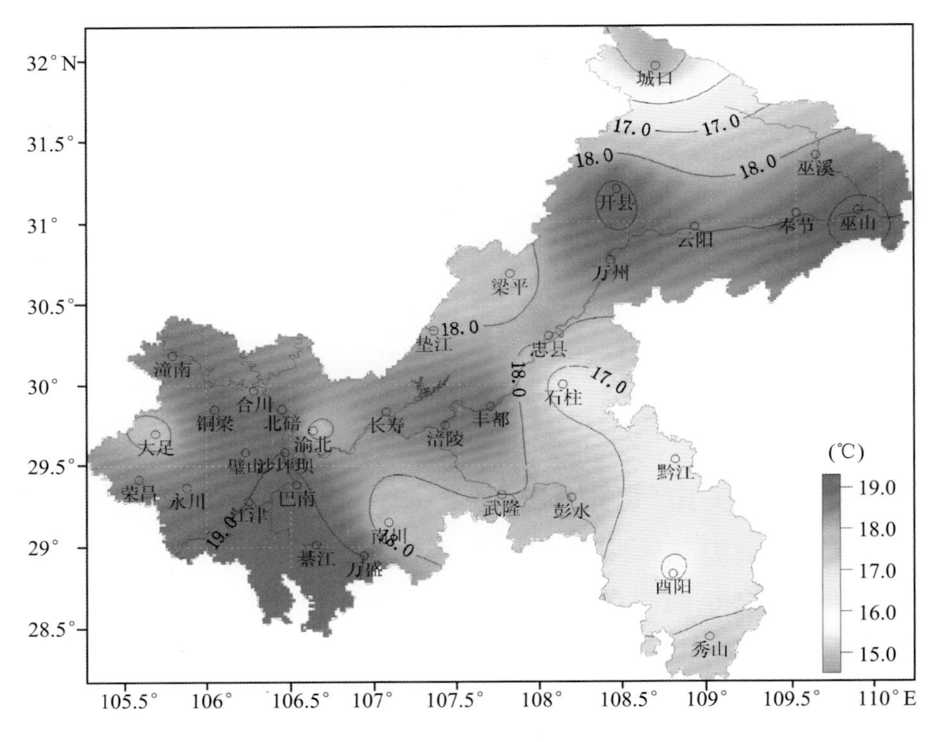

图 2.1.1　重庆市 2007 年平均气温(℃)分布图

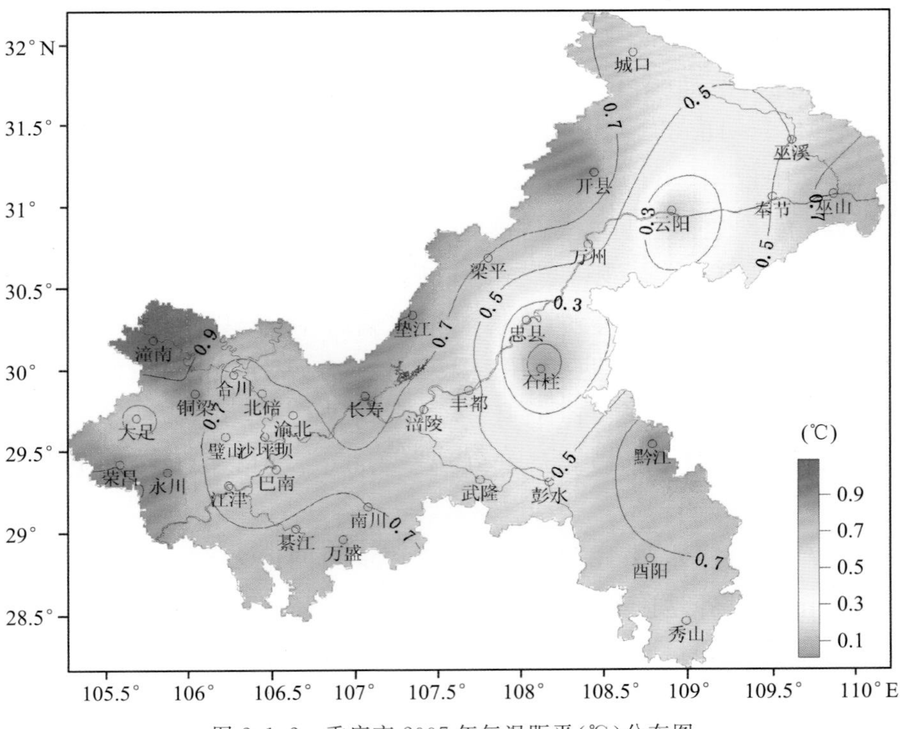

图 2.1.2　重庆市 2007 年气温距平(℃)分布图

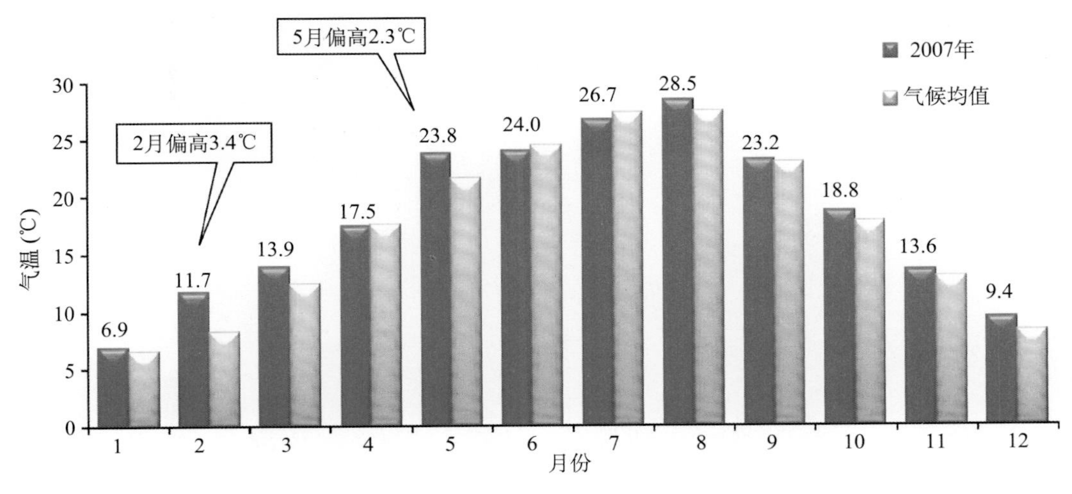

图 2.1.3　重庆市 2007 年全市平均气温(℃)逐月变化

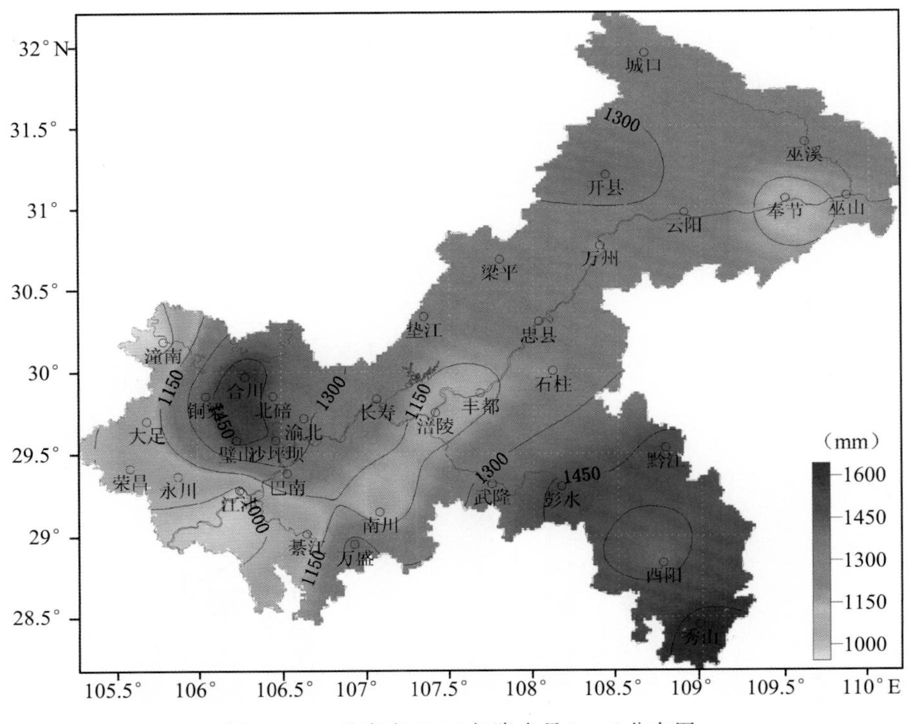

图 2.1.4　重庆市 2007 年降水量(mm)分布图

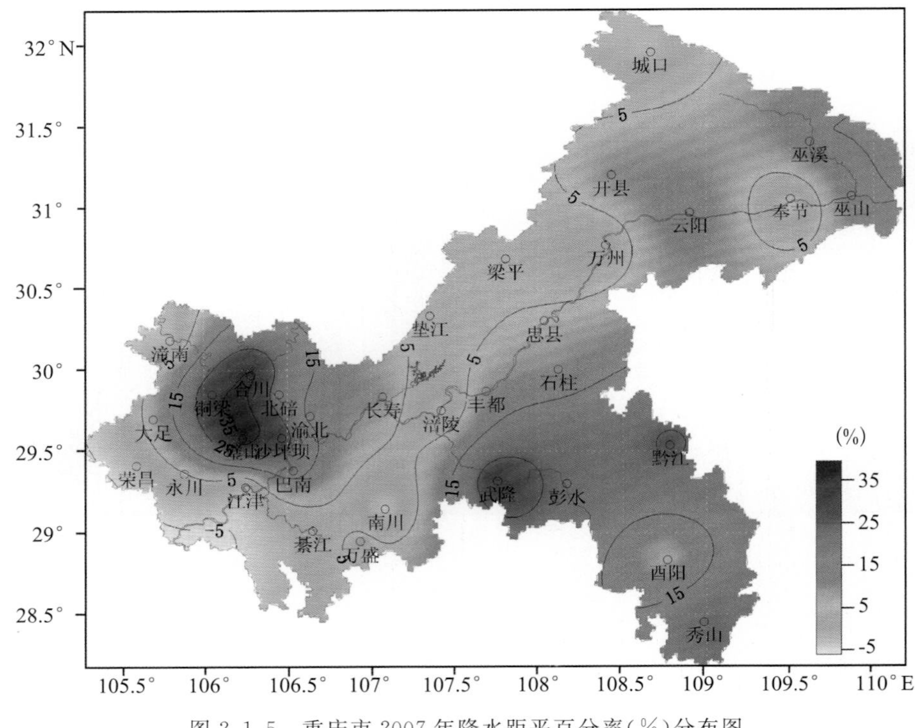

图 2.1.5 重庆市 2007 年降水距平百分率(%)分布图

各地年降水日数 121～171 天，武隆、巫山偏多 2～4 天，其余地区偏少10～40 天。7 月 17 日，沙坪坝降水量达 271.0 mm，为重庆地区有记录以来第三高值(开县，2004 年 9 月 5 日，295.3 mm；黔江，1982 年 7 月 28 日，306.9 mm)。

重庆市各月降水：3、5、8、11 月少于常年，6、9、10、12 月接近常年，1、2、4、7 月偏多，其中 2、7 月偏多约 1 倍(图 2.1.6)。

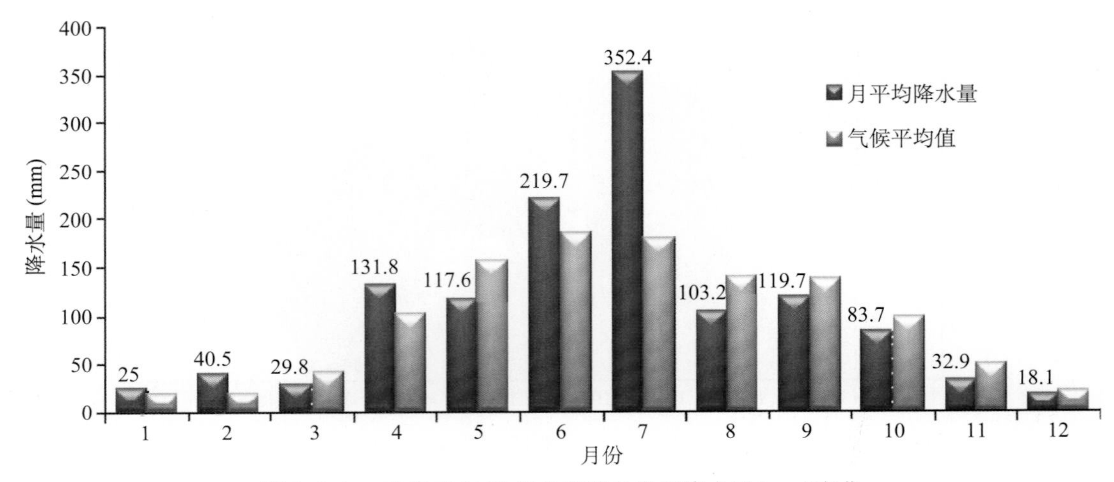

图 2.1.6 重庆市 2007 年全市逐月平均降水量(mm)变化

2.1.2 2007年重庆市气象灾害简况

2007年重庆市发生的气象灾害主要为暴雨洪涝、大风冰雹、雷电，及连阴雨、强降水引发的山体滑坡、泥石流等地质灾害，局部地区还出现了干旱、雾灾、火灾、高温等(图2.1.7)。全年的气象灾害主要体现为“暴雨洪涝严重，高温干旱偏轻”(图2.1.8,图2.1.9)。

2007年重庆市的气象灾害主要集中出现在4—8月，冬季重庆市基本未发生气象灾害，春末夏初西部局部地区出现了干旱；4月开始风雹、暴雨、雷电、连阴雨及强降水引发的地质灾害等陆续出现，尤其是暴雨洪涝灾害给重庆市造成了严重的经济损失，7月17日特大暴雨洪灾达到了百年一遇，西部局部地区的降水为有气象记录以来的最高值；8月以后重庆市气象灾害结束，各地基本无气象灾害发生。

据统计，2007年重庆市的气象灾害造成1823.8万人受灾，死亡202人，农作物受灾面积86.3万 hm^2，其中绝收面积9.6万 hm^2，直接经济损失75.2亿元。

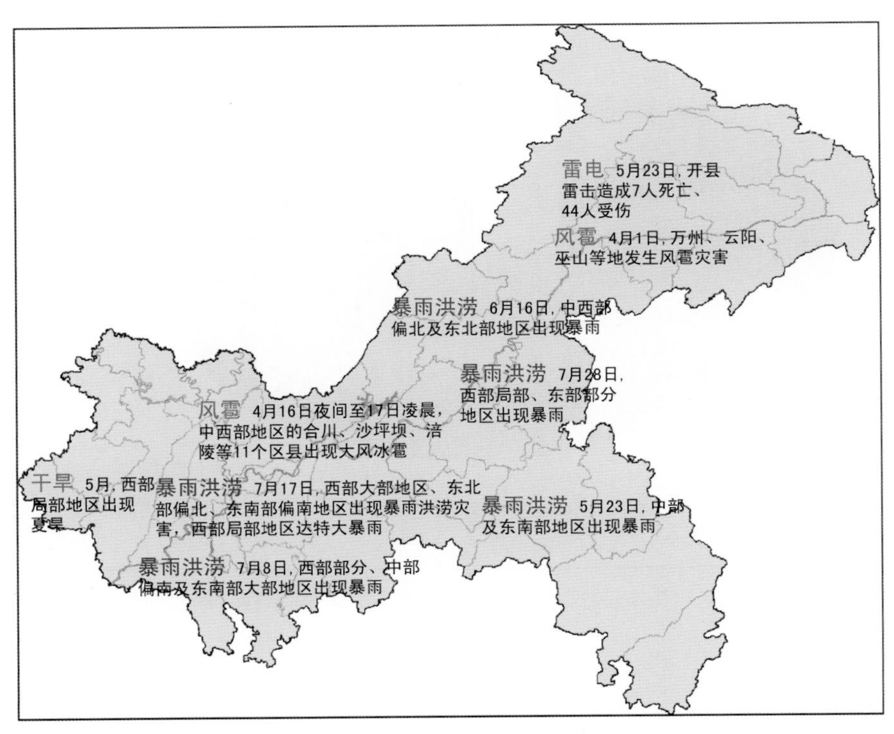

图2.1.7　2007年重庆市主要气象灾害分布示意图

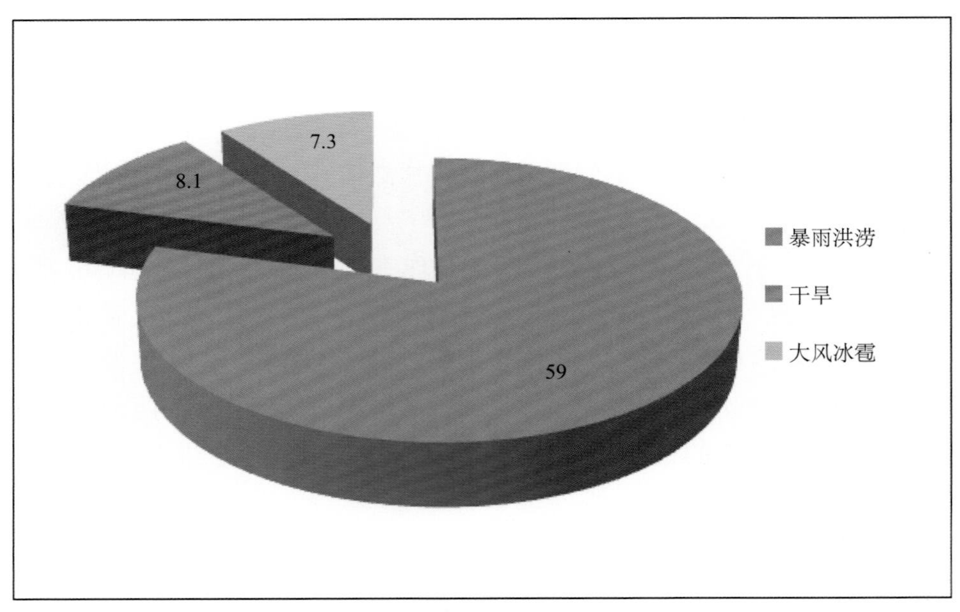

图 2.1.8 重庆市 2007 年主要气象灾害直接经济损失示意图(单位:亿元)

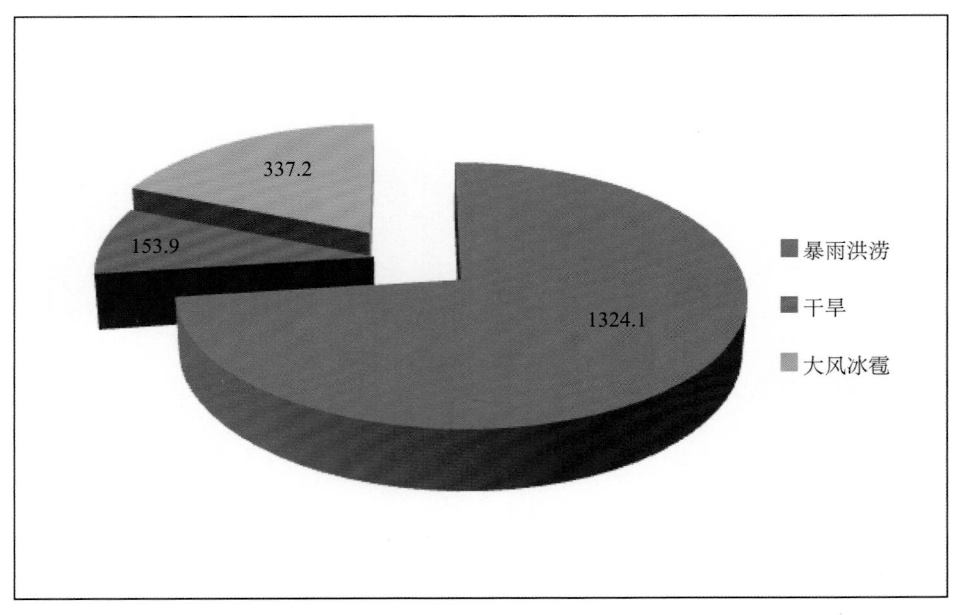

图 2.1.9 重庆市 2007 年主要气象灾害受灾人口示意图(单位:万人)

2.2 暴雨洪涝

2007 年重庆市暴雨天气频繁,重庆市 40 个区、县均有发生,暴雨总次数多达 122 站次,其中北碚、合川、铜梁、合川、武隆、彭水、秀山、开县、云阳、城口出现了 5

次以上。4 月初就有局部地区出现暴雨，5 月下旬至 8 月初暴雨灾害较多，出现了 5 月 23 日区域暴雨、6 月 16 日区域暴雨、7 月 8—12 日连续性暴雨天气过程、7 月 17 日特大暴雨、7 月 28 日区域暴雨，此外频繁的强降水天气也给局部地区带来了暴雨灾害。

暴雨洪涝灾害共造成重庆市 1324.1 万人受灾，死亡 167 人；农作物受灾面积 52 万 hm^2，其中绝收面积 7.4 万 hm^2；直接经济损失 59.0 亿元。

2.2.1　5 月 23 日暴雨

2007 年 5 月 23—24 日，重庆市出现当年首场区域性暴雨，垫江、涪陵、丰都、武隆、城口、石柱、秀山达暴雨，彭水达大暴雨。

23 日 08 时至 25 日 08 时的累计雨量，主城区和城口、开县、云阳、巫溪、奉节、巫山、垫江、梁平、万州、忠县、石柱、永川、南川、长寿、涪陵、丰都、武隆、黔江、彭水、酉阳、秀山等 21 个区、县的 94 个雨量站超过 50 mm，奉节、垫江、石柱、南川、涪陵、丰都、武隆、彭水、酉阳、秀山等 10 个区、县的 26 个雨量站超过 100 mm，最大雨量出现在彭水县城(192.5 mm)(图 2.2.1)。小时最大雨量出现在彭水县城，23 日 22:00—23:00 达 61.1 mm；3 小时最大雨量出现在酉阳的苍岭，24 日 01:00—04:00 达 104.4 mm。

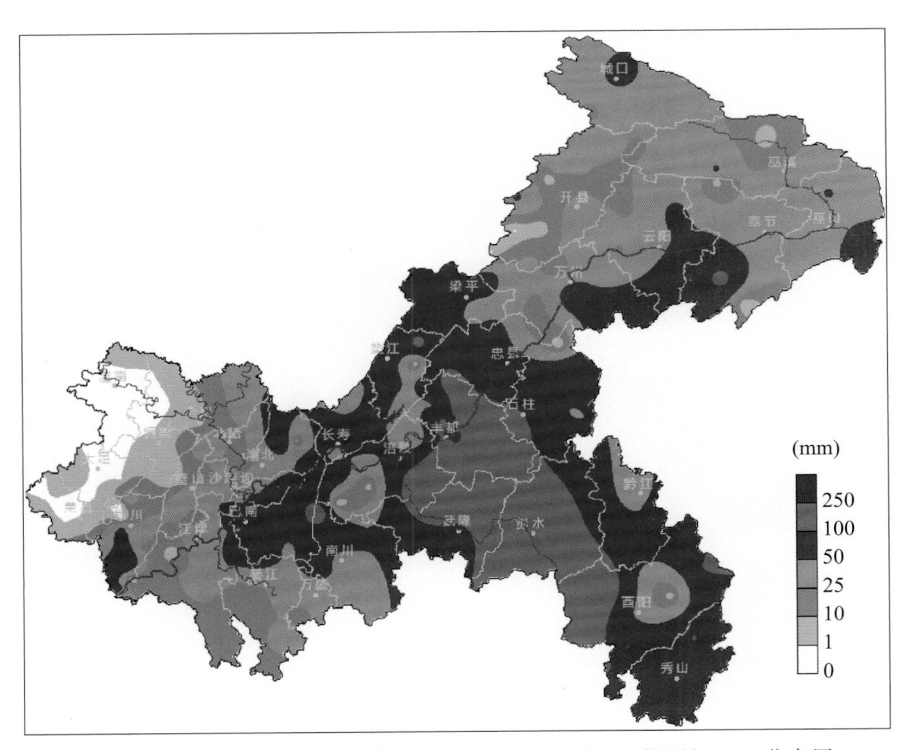

图 2.2.1　重庆市 2007 年 5 月 23 日 08 时—25 日 08 时雨量(mm)分布图

据区、县气象部门上报的灾情统计，此次区域暴雨天气过程造成城口、丰都、万州、巫山、酉阳、涪陵、彭水、南川、石柱等地受灾，受灾人口达 90.7 万人，其中失踪 2 人，转移安置 3220 人，农作物受灾面积 5.6 万 hm^2、绝收面积 3695.3 hm^2，房屋损坏 6856 间、倒塌 1803 间，直接经济损失 1.0 亿元。

2.2.2　6 月 16 日暴雨

2007 年 6 月 16—19 日，重庆市出现了连续的强降水天气，大部地区雨量为中到大雨，铜梁、大足、合川、北碚、渝北、垫江、丰都、忠县、梁平、万州、云阳、开县、巫溪、城口、石柱等 15 个区、县出现了暴雨。

16 日 08 时至 20 日 08 时的累计雨量，主城区和开县、云阳、巫溪、奉节、巫山、潼南、垫江、梁平、万州、忠县、石柱、大足、铜梁、合川、璧山、江津、南川、长寿、涪陵、丰都、武隆、黔江、彭水、酉阳等 24 个区、县的 102 个雨量站超过 100 mm，开县、巫溪的 10 个雨量站超过 250 mm，最大雨量出现在巫溪的红池坝(414.8 mm)(图 2.2.2)。小时最大雨量出现在渝北的古路，17 日 07:00—08:00 达 54.8 mm；3 小时最大雨量也出现在渝北的古路，17 日 05:00—08:00 达 100.7 mm。

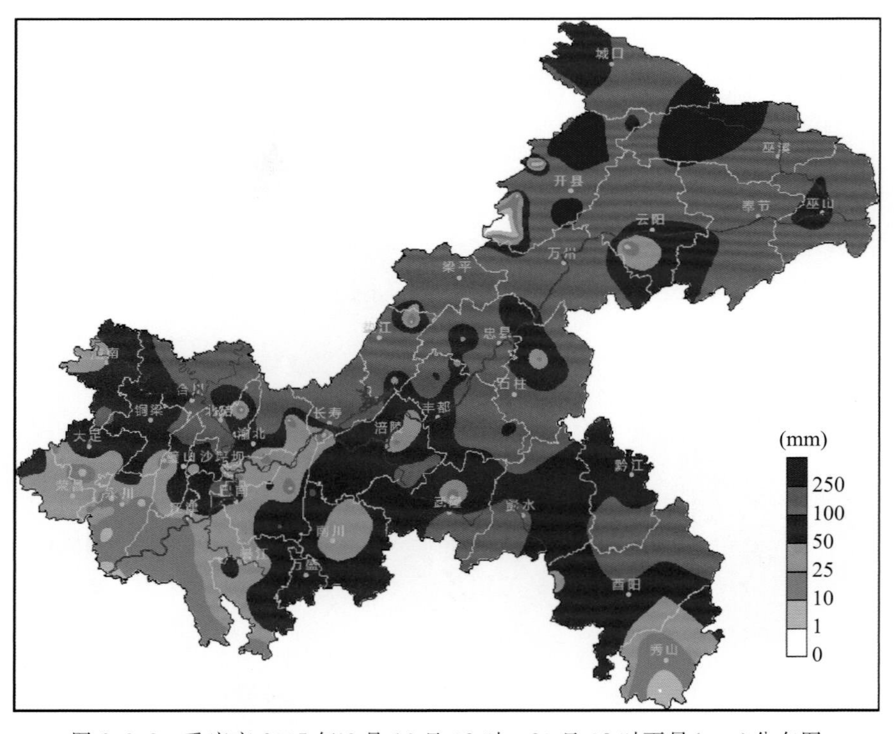

图 2.2.2　重庆市 2007 年 6 月 16 日 08 时—20 日 08 时雨量(mm)分布图

据区、县气象部门上报的灾情统计，此次区域暴雨天气过程造成北碚、城口、丰都、忠县、渝北、沙坪坝、梁平、合川、开县、垫江、彭水、万州、巫山、酉阳等地受灾，受灾人口达 74.0 万人，其中死亡 3 人、失踪 3 人、受伤 59 人，转移安置 1.1 万人，农作物受灾面积 3.9 万 hm^2、绝收面积 2076.8 hm^2，房屋损坏 10802 间、倒塌 5405 间，直接经济损失 1.8 亿元。

2.2.3　7 月 8—12 日暴雨

2007 年 7 月 8—12 日，重庆市再次出现了连续性强降水天气，并达到了区域暴雨天气，荣昌、大足、铜梁、沙坪坝、璧山、南川、武隆、彭水、酉阳、梁平等 10 个区、县出现了暴雨，綦江、秀山、万盛、黔江达大暴雨。

8 日 08 时至 13 日 08 时的累计雨量，主城区和巫山、大足、荣昌、永川、万盛、铜梁、合川、璧山、江津、南川、涪陵、丰都、武隆、黔江、彭水、綦江、酉阳、秀山等 18 个区、县的 65 个雨量站超过 100 mm，江津、酉阳、秀山等 3 个区、县的 3 个雨量站超过 250 mm，最大雨量出现在江津的双福(398.3 mm)(图 2.2.3)。小时最大雨量出现在酉阳的大溪，10 日 01:00—02:00 达 59.8 mm；3 小时最大雨量也出现在酉阳的大溪，10 日 00:00—03:00 达 134.0 mm。

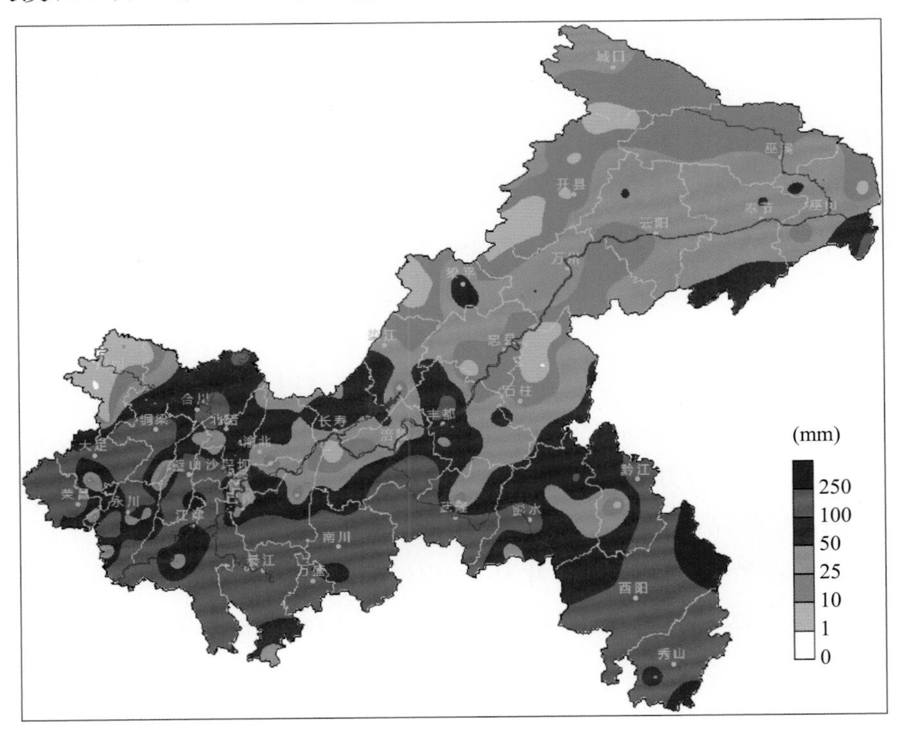

图 2.2.3　重庆市 2007 年 7 月 8 日 08 时—13 日 08 时雨量(mm)分布图

据区、县气象部门上报的灾情统计，此次区域暴雨天气过程造成璧山、江津、永川、沙坪坝、綦江、黔江(图 2.2.4)、万盛、秀山、荣昌、大足、彭水等地受灾，受灾人口达 79.1 万人，其中死亡 4 人、受伤 4 人，转移安置 8567 人，农作物受灾面积 4.1 万 hm^2、绝收面积 3145.0 hm^2，房屋损坏 11075 间、倒塌 2493 间，直接经济损失 2.8 亿元。

图 2.2.4　2007 年 7 月 12 日重庆市黔江区暴雨引发山洪(黔江区气象局提供)

2.2.4　7 月 17 日特大暴雨

2007 年 7 月 16 日午后开始，重庆市出现了百年一遇的特大暴雨洪灾。至 24 日 08 时，沙坪坝、合川、大足、北碚、璧山、长寿、永川、渝北、巴南、江津、潼南、铜梁、城口、开县、秀山等 15 个区、县出现暴雨，其中大足、北碚、璧山、长寿各为 2 个暴雨日，合川、沙坪坝为 3 个暴雨日。17 日沙坪坝日雨量 217.0 mm、铜梁 187.8 mm、璧山 209.9 mm，分别是当地有气象记录以来的最大值。

16 日 08 时至 24 日 08 时的累计雨量，主城区和城口、开县、云阳、巫溪、奉节、巫山、潼南、垫江、梁平、万州、忠县、石柱、大足、荣昌、永川、万盛、铜梁、合川、璧山、江津、南川、长寿、涪陵、丰都、武隆、黔江、彭水、酉阳、秀山等 29 个区、县的138 个雨量站超过 100 mm，主城区和开县、云阳、巫溪、垫江、铜梁、合川、璧山、江津、长寿、酉阳等 10 个区、县的 34 个雨量站超过 250 mm，合川龙市、璧山八塘、沙坪坝陈家桥、铜梁旧县、沙坪坝青木关、酉阳大溪超过了 400 mm，最大雨量出现在合川的龙市(476.8 mm)(图 2.2.5)。

据区、县气象部门上报的灾情统计，此次区域暴雨天气过程造成荣昌、巴南、涪陵、垫江、江津、合川、永川、彭水、长寿、铜梁(图 2.2.6)、渝北、大足、璧山(图 2.2.7)、荣昌、北碚、梁平、武隆、沙坪坝、丰都、潼南、开县、巫山等地受灾，受灾人口达 410.4 万人，其中死亡 36 人、失踪 6 人、受伤 199 人，转移安置 21.8 万人，农作物受灾面积 31.5 万 hm^2、绝收面积 2.2 万 hm^2，房屋损坏 12.5 万间、倒塌 4.5 万间，直接经济损失 28.8 亿元。

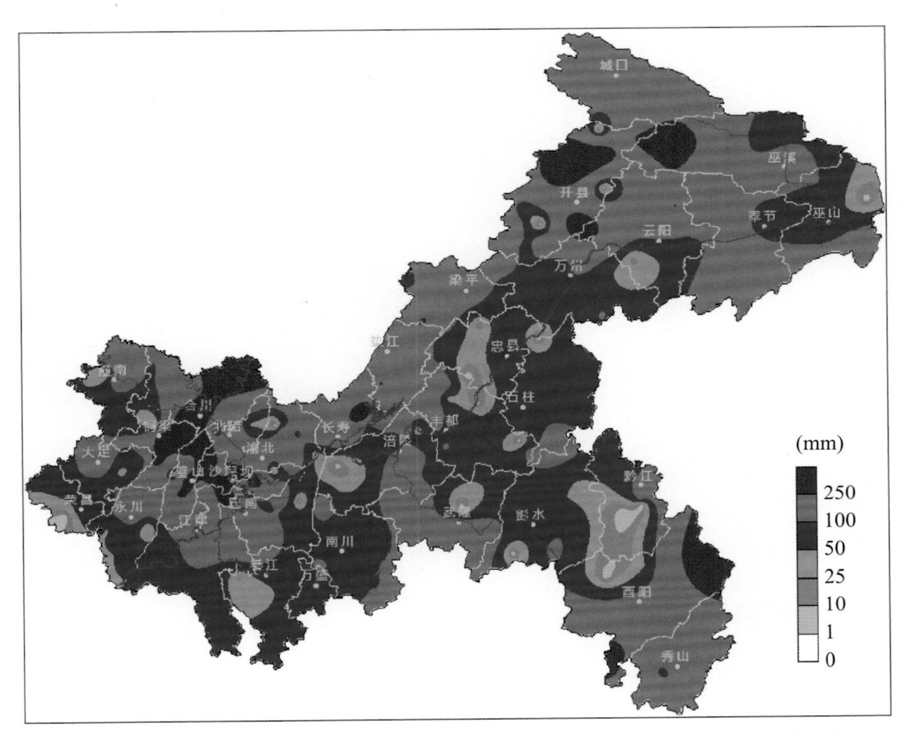

图 2.2.5　重庆市 2007 年 7 月 16 日 08 时—24 日 08 时雨量(mm)分布图

图 2.2.6　2007 年 7 月 17 日重庆市铜梁县暴雨(铜梁县气象局提供)

图 2.2.7　2007 年 7 月 17 日重庆市璧山县特大暴雨(璧山县气象局提供)

2.2.5　7 月 28 日区域暴雨

2007 年 7 月 28—30 日,重庆市又出现了一次区域性暴雨天气,渝北、巴南、江津、綦江、武隆、忠县、城口、巫山、巫溪、奉节、彭水、黔江雨量达暴雨,局部地区还出现了大暴雨。

28 日 08 时至 31 日 08 时的累计雨量,主城区和城口、开县、云阳、巫溪、奉节、巫山、垫江、梁平、万州、忠县、石柱、璧山、江津、南川、长寿、涪陵、丰都、武隆、黔江、彭水、綦江、酉阳等 22 个区、县的 137 个雨量站超过50 mm,主城区和城口、开县、巫溪、奉节、巫山、梁平、忠县、石柱、南川、丰都、黔江、彭水等 12 个区、县的 36 个雨量站超过 100 mm,最大雨量出现在巫溪的红池坝(233.2 mm)(图 2.2.8)。小时最大雨量出现在开县的赵家,29 日 03:00—04:00 达 57.5 mm;3 小时最大雨量出现在主城的黄角垭,28 日 22:00—29 日 01:00 达 80.1 mm。

据区、县气象部门上报的灾情统计,此次区域暴雨天气过程造成江津、彭水、巫山、忠县、奉节、石柱等地受灾,受灾人口达 79.0 万人,其中死亡 1 人、失踪 1 人、受伤 30 人,转移安置 4689 人,农作物受灾面积 2.2 万 hm^2、绝收面积 2903.4 hm^2,房屋损坏 6277 间、倒塌 1995 间,直接经济损失 1.3 亿元。

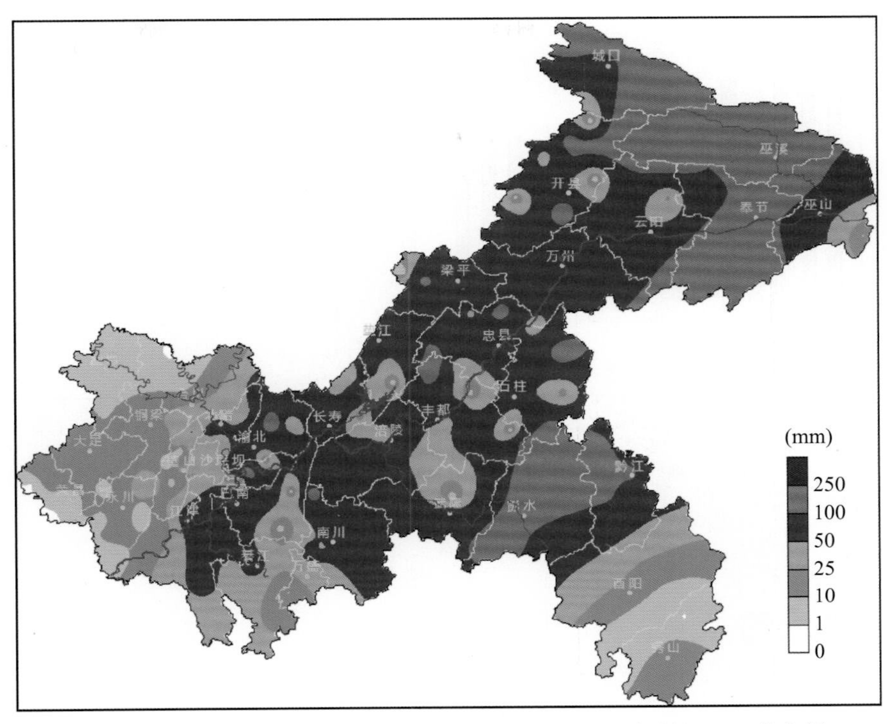

图 2.2.8　重庆市 2007 年 7 月 28 日 08 时—31 日 08 时雨量(mm)分布图

2.3　干旱

2007 年重庆市的干旱灾害偏轻，主要是 1—5 月，渝西部分地区受 2006 年特大干旱和上半年降水少的影响，水利工程蓄水严重不足、稻田栽秧水缺乏，出现了不同程度的旱情。

4 月下旬开始，重庆市有 16 个区、县相继出现干旱，最为严重的是潼南、大足、荣昌、铜梁和合川，持续时间均在 30 天以上，由于 5 月 23—24 日以及 30—31 日降水过程影响，大部地区旱情缓解或解除，但潼南、大足、荣昌分别延续至 6 月 7 日和 6 月 5 日(图 2.3.1)。

干旱造成 153.9 万人受灾，13.4 万人出现饮水困难；农作物受灾面积 23.3 万 hm^2，其中绝收面积 0.8 万 hm^2；直接经济损失 8.1 亿元，其中农业经济损失 6.7 亿元。

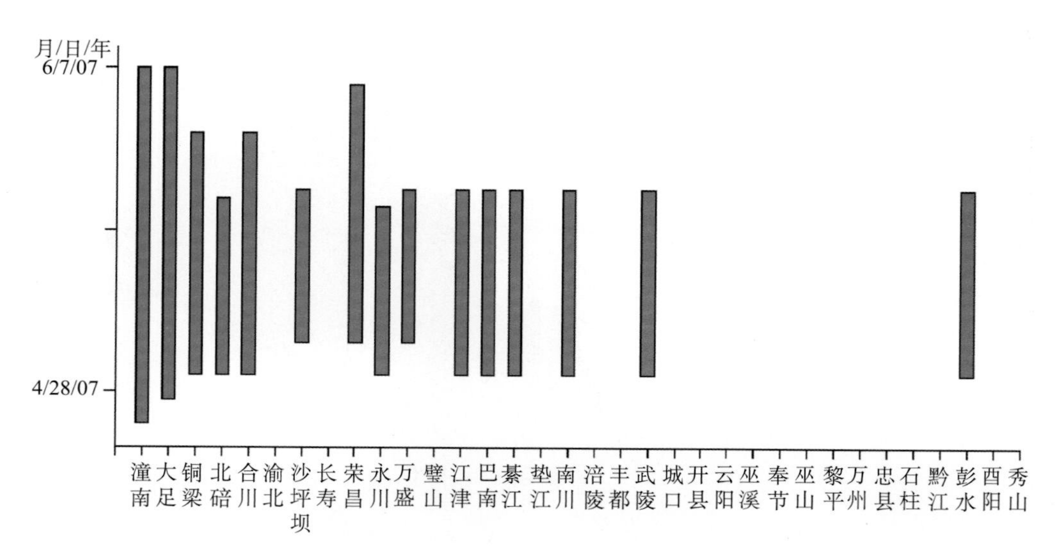

图 2.3.1　重庆市 2007 年夏旱分布

2.4　大风冰雹

2007 年重庆市的风雹灾害偏重,开始时间也较早,4 月初就开始发生,集中出现在 4、5 月,6、8 月局部地区也出现了大风、冰雹。

年内的风雹灾害造成重庆市 337.2 万人受灾,农作物受灾面积 10.8 万 hm^2,其中绝收面积 1.3 万 hm^2,损坏房屋 3.2 万间、倒塌 2 万间,直接经济损失 7.3 亿元。

2.4.1　4 月 1 日大风冰雹

2007 年 4 月 1 日午后至傍晚,重庆市东部地区出现强对流天气,武隆(图 2.4.1)、万州、云阳、巫山、黔江发生了大风、冰雹灾害。黔江普遍风力 7~8 级,山口河谷地区最大风力达 9 级,冰雹密度每平方米 300~400 粒,最大直径 10 mm。万州冰雹密度每平方米近 200 粒,直径 20 mm 左右。武隆冰雹直径 10~20 mm,最大达 30 mm,风速达 8 级以上。云阳冰雹持续时间达 40 余 min,最大冰雹直径约 50 mm。

据区、县气象部门上报的灾情统计,此次过程造成上述地区 19.9 万人受灾,农作物受灾面积 2.0 万 hm^2、绝收面积 0.3 万 hm^2,房屋损坏 4.4 万间、倒塌 863 间,直接经济损失 8246.0 万元。

图 2.4.1　2007 年 4 月 1 日重庆市武隆县风雹(武隆县气象局提供)

2.4.2　4 月 17 日风雹

2007 年 4 月 16 日夜间至 17 日凌晨，重庆市中西部地区出现强对流天气，合川、渝北、沙坪坝、巴南、北碚、垫江、南川、万盛、涪陵、丰都、忠县等地遭受了大风、冰雹袭击。上述地区出现了 6～8 级的阵性大风，局部山口河谷地区达到了 9 级，部分乡镇降了冰雹，巴南区的石龙镇冰雹直径达 20～30 mm。

据区、县气象部门上报的灾情统计，此次过程共造成 50.0 万人受灾，其中死亡 1 人、受伤 14 人，转移安置 1.2 万人，农作物受灾面积 4.8 万 hm^2、绝收面积 210.2 hm^2，房屋损坏 3.0 万间、倒塌 2162 间，直接经济损失 8202.8 万元。

2.5　雷电

2007 年重庆市的强对流天气发生频繁，出现的雷击事故较多，据初步统计造成了 30 人死亡、64 人受伤。

4 月 1 日垫江、开县发生雷击，其中垫江死亡 5 人、受伤 5 人，开县死亡 1 人。

4 月 15 日黔江发生雷击，死亡 1 人。

5 月 3 日涪陵、荣昌发生雷击，均造成 1 人死亡。

5 月 23 日开县、梁平、石柱、永川发生雷击，其中开县 7 人死亡、44 人受伤，为一次重大的雷击事故，梁平死亡 2 人，石柱受伤 2 人。

5 月 31 日开县再次出现雷击，造成 2 人死亡，3 人受伤。

7 月 8 日荣昌县发生雷击，造成 1 人死亡，2 人受伤。

8 月 1 日万州、沙坪坝发生雷击，其中万州死亡 1 人、受伤 2 人。

8 月 24 日，永川发生雷击，造成 1 人死亡。

2.6　地质灾害(滑坡、泥石流)

2007 年重庆市的暴雨、连阴雨等强降水天气发生频繁，部分地区因强降水引发的山体滑坡、泥石流等地质灾害也较多。

2007 年 4 月 2 日，受持续降水影响，彭水县汉葭镇青龙村生发山体滑坡，滑坡地点位于青龙村腰谷洞处彭水至石柱县级公路一侧，滑向公路的泥石流将一辆金龙车压埋在泥石流中(图 2.6.1)。

图 2.6.1　2007 年 4 月 2 日重庆市彭水县山体滑坡(彭水县气象局提供)

2007 年 4 月 5 日，奉节县受前期大雨天气影响，造成汾河镇天池村狮子包出现滑坡险情。

2007 年 4 月 25 日，彭水县渔塘社区 3 组汉关农家乐对面发生山体滑坡。

2007 年 5 月 24 日，彭水县渔塘社区 3 组沙口石发生山体滑坡，造成一幢房屋垮塌。

2007 年 6 月 16—21 日，受持续降水影响，重庆市彭水、潼南、开县、万州等地出现多处山体滑坡，造成人员伤亡、房屋倒塌、公路受损、耕地被毁。

2007 年 7 月 6 日，渝北区华蓥村二社罗家田发生山体滑坡，跨塌 500 多立方，造成桥亭子到莲花堡镇道公路堵塞50余米。

2007年7月18日，梁平县兴盛镇百禄村一组发生山体滑坡。

2007年7月21—22日，潼南县持续发生山体滑坡、房屋、塘堰垮塌等灾害，全县共发生山体滑坡22处7501立方米。

2007年7月29日，丰都县董家镇因暴雨天气引发泥石流灾害，造成人员受灾、农作物绝收、房屋倒塌。

2007年7月29日，受持续降雨天气影响，彭水县万足乡发生自然岩崩，岩崩体约5方，造成人员伤亡。

2.7 其他灾害

2.7.1 连阴雨

2007年6月3—10日、7月8—12日，沙坪坝出现了两段连阴雨天气，造成农作物受灾。

2007年7月17—20日，奉节的连阴雨造成了农作物受灾、房屋倒塌、公路受损。

2.7.2 高温

2007年8月8日，长寿因高温造成1人中暑死亡。

第3章　2008年气候概况及气象灾害

3.1　概述

3.1.1　2008年重庆市气候概况

2008年，重庆市年平均气温17.7℃，较常年偏高0.3℃，自2001年以来连续第八年高于气候平均值。重庆市年平均降水量1123.4 mm，接近常年值。年内主要异常天气气候事件有低温雨雪冰冻、春季异常偏暖、干旱、夏季连晴高温、秋季连阴雨等。

重庆市年平均气温空间分布情况为：城口、酉阳、石柱、黔江等地14.5～16.2℃，其余地区17.0～18.9℃（图3.1.1）。中西部及沿江河谷地区普遍超过18.0℃，其中沙坪坝、巴南、綦江、开县、巫山等地在18.5℃以上。潼南年平均气温

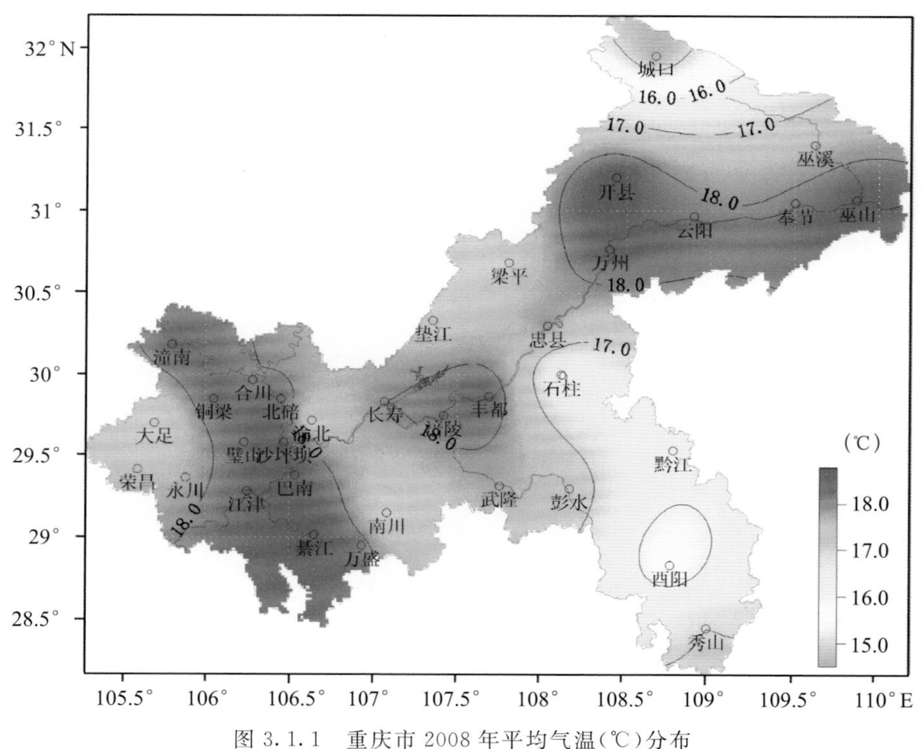

图3.1.1　重庆市2008年平均气温(℃)分布

居历史同期次高值，城口、酉阳为第三高值，其余地区分列 4～14 位。与常年相比，忠县、大足、云阳、石柱等地年平均气温偏低 0.1～0.4℃，其余地区偏高 0.1～0.8℃（图 3.1.2）。

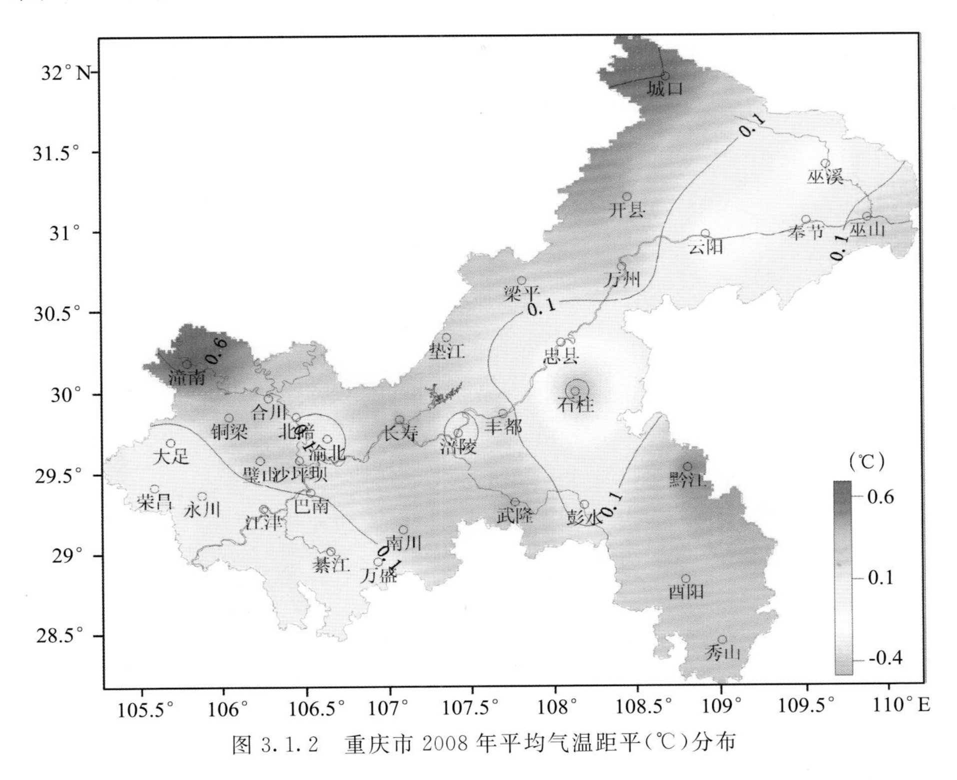

图 3.1.2　重庆市 2008 年平均气温距平(℃)分布

2008 年 12 月气温接近常年；1、2、8 月气温偏低 1.6～1.7℃；3—7 月、9—11 月气温偏高 0.5～2.2℃，其中 3 月偏高 2.2℃（图 3.1.3）。

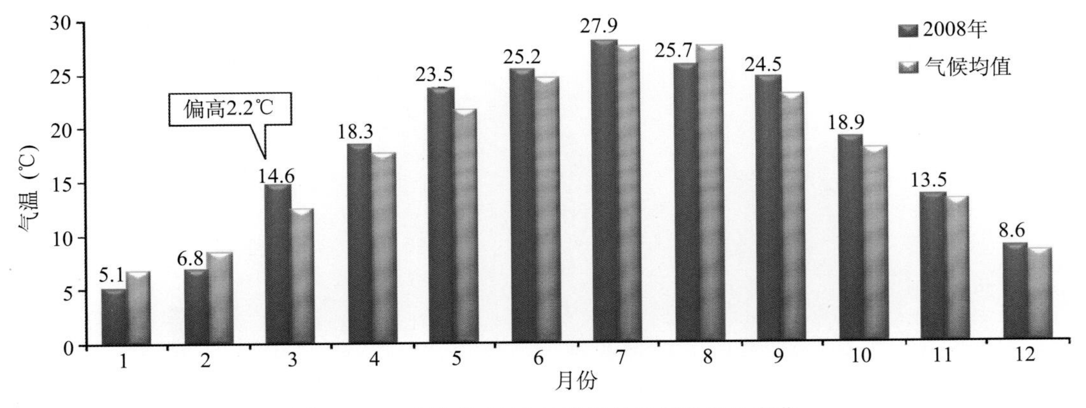

图 3.1.3　重庆市 2008 年平均气温(℃)逐月变化

2008 年各地降水：綦江、丰都、黔江、万州、巴南、沙坪坝、荣昌、江津、长寿等地不足 1000 mm，梁平、南川、垫江、秀山等地超过 1300 mm，其余地区 1002.8～

1283.7 mm(图 3.1.4)；与常年相比，黔江、万州、荣昌等地偏少 2 成，其余地区接近常年(图 3.1.5)。

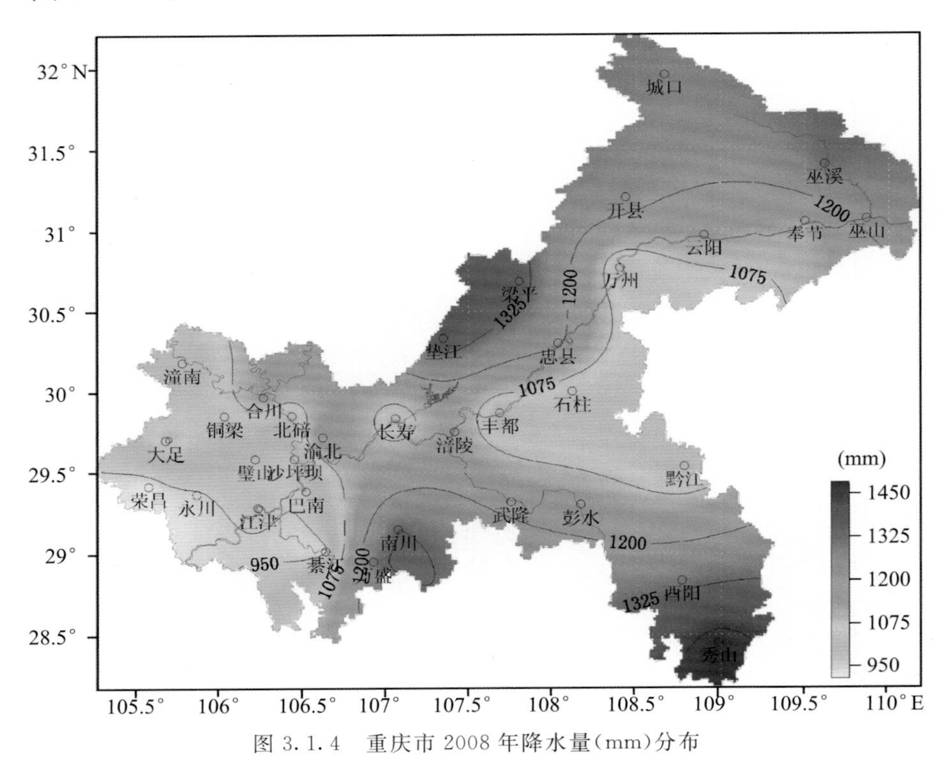

图 3.1.4　重庆市 2008 年降水量(mm)分布

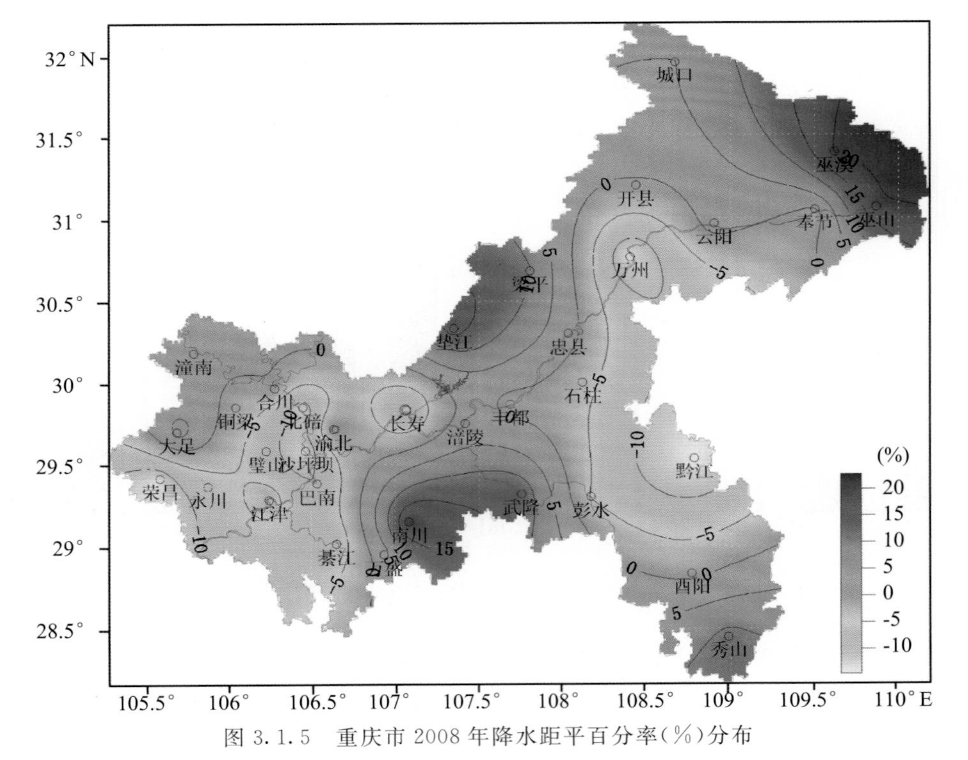

图 3.1.5　重庆市 2008 年降水距平百分率(%)分布

重庆市各月降水：1、5、7、9 月少于常年，4、6、11、12 月接近常年，2、3、8、10 月偏多，其中 2、8 月偏多约 5 成（图 3.1.6）。

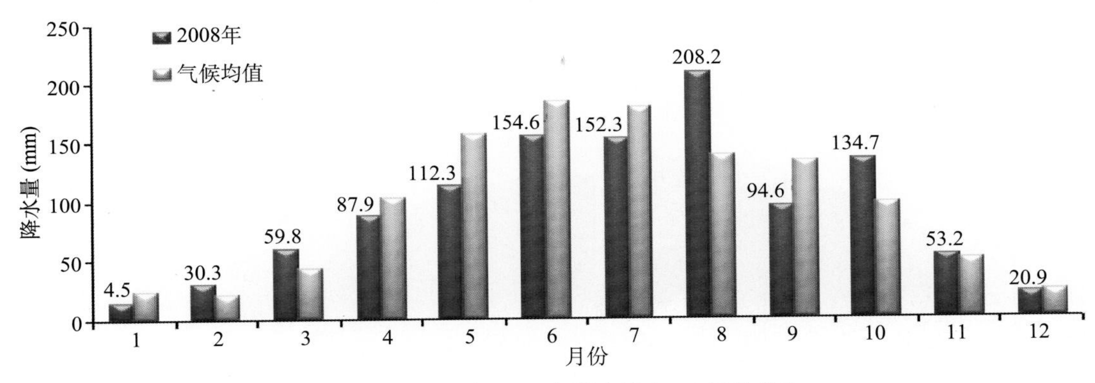

图 3.1.6　重庆市 2008 年降水量(mm)逐月变化

3.1.2　2008 年重庆市气象灾害简况

2008 年重庆市发生的气象灾害主要有 1 月中下旬的低温冻害、雪灾，夏季的暴雨洪涝、风雹，此外还有局地的滑坡、雷电等灾害（图 3.1.7）。与近 10 年相比，2008 年重庆市气象灾害偏轻。

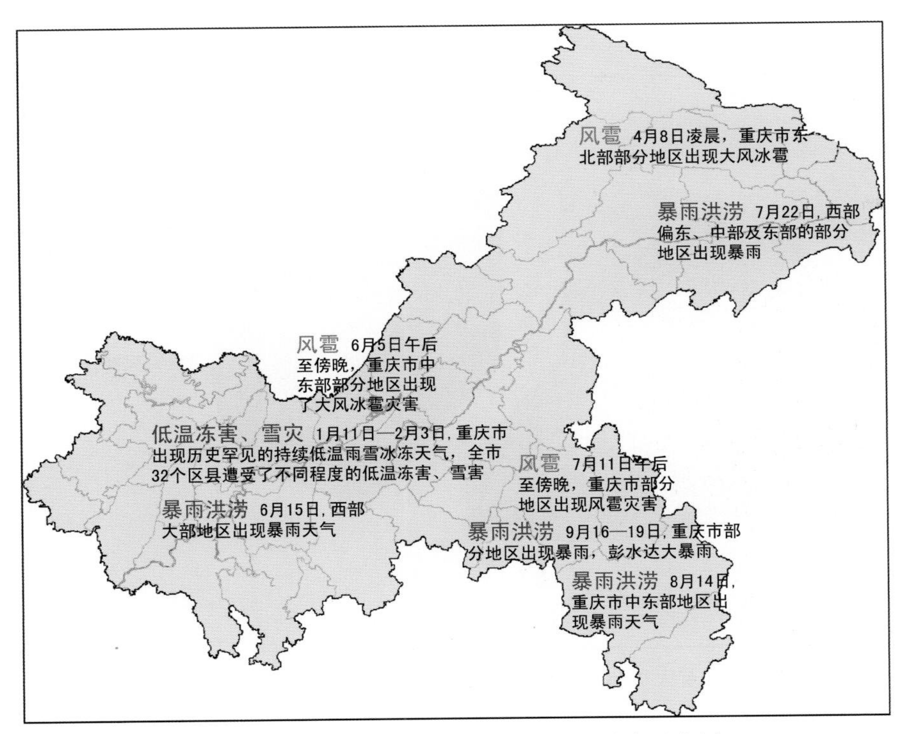

图 3.1.7　2008 年重庆市主要气象灾害分布示意图

据统计,全年因灾造成1154.1万人受灾,其中死亡50人,农作物受灾面积66.2万hm^2,绝收面积6.1万hm^2,直接经济损失30.4亿元(图3.1.8,图3.1.9)。

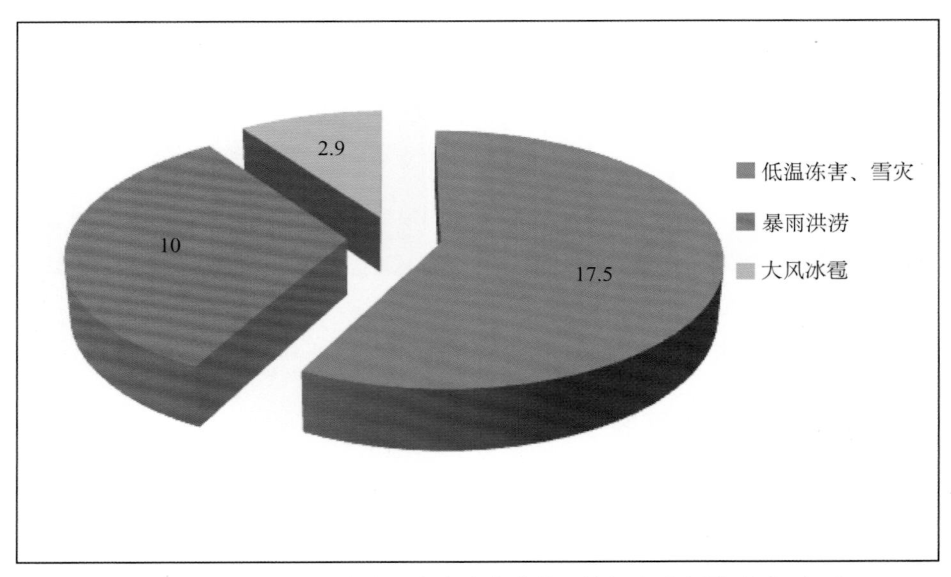

图3.1.8　重庆市2008年主要气象灾害直接经济损失示意图(单位:亿元)

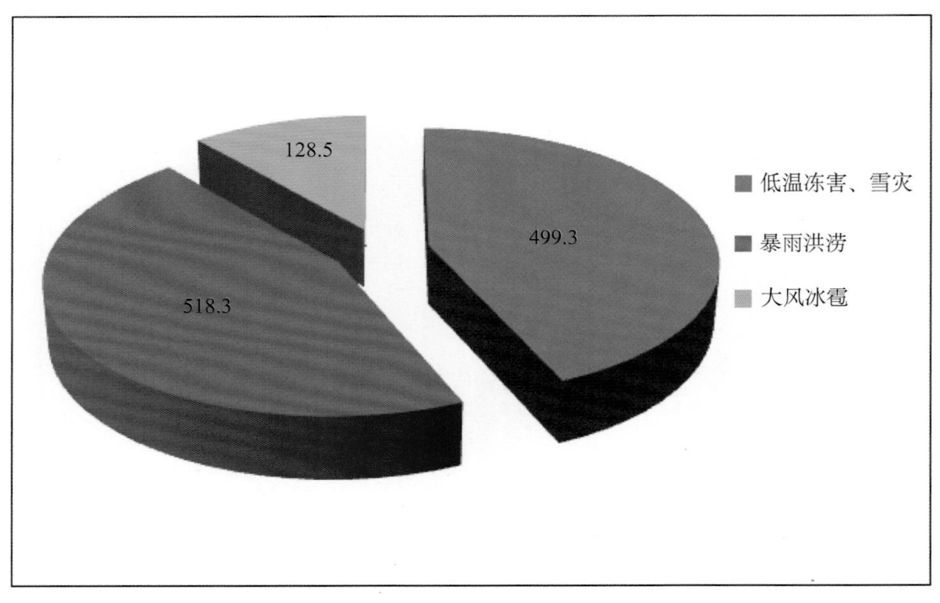

图3.1.9　重庆市2008年主要气象灾害受灾人口示意图(单位:万人)

3.2　低温冻害、雪灾

2008 年 1 月 11 日—2 月 3 日，受持续低温雨雪冰冻天气影响，重庆市平均气温为 3.4℃，创 1951 年以来历史新低(图 3.2.1)；28 个区、县的平均气温为当地有气象记录以来同期最低值；23 个区、县日最低气温降至 0℃以下，巫溪、黔江、秀山最低气温低于−3.0℃，酉阳低至−5.0℃，城口 1 月 31 日最低气温降至−5.1℃，为 2008 年重庆市最低值；各地最低气温≤0℃日数：中东部地区大多在 5 天以上，其中巫溪、石柱、黔江超过 10 天，秀山、酉阳、城口超过 20 天；巫山、秀山低温日数为历史同期最高值，潼南、酉阳、黔江、石柱居历史同期第 3 位，另有 21 个区、县分居 4～8 位。

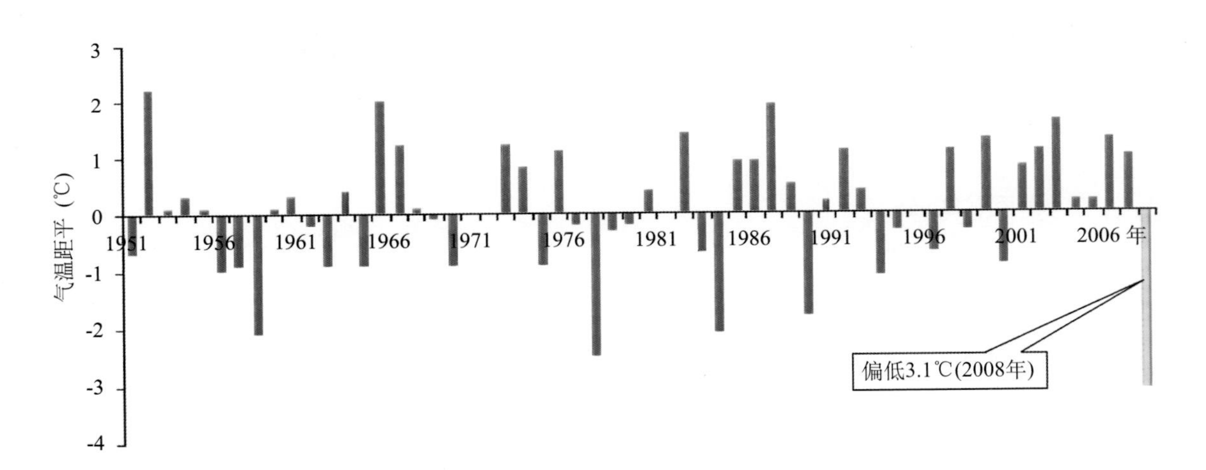

图 3.2.1　重庆市 1 月 11 日—2 月 3 日平均气温距平(℃)逐年变化

此次持续性低温天气过程，时间长、降温幅度大，影响范围广，且伴随大范围的雨雪、冰冻天气，为重庆市近 60 年来罕见。重庆市海拔 400 m 以上地区普遍受到持续低温、凌冻、大雪等灾害袭击，影响严重。重庆市 32 个区、县遭受了不同程度的灾害(图 3.2.2)，灾害共造成 499.3 万人受灾，其中死亡 4 人；农作物受灾面积 29.8 万 hm^2，绝收面积 3.3 万 hm^2；房屋损坏 1.4 万间，倒塌 0.4 万间；直接经济损失 17.5 亿元。

图 3.2.2　2008 年 1 月 12 日重庆市酉阳县雪灾(酉阳县气象局提供)

3.3　暴雨洪涝

2008 年,重庆市发生的暴雨过程主要有 6 月 15 日区域暴雨、7 月 22 日区域暴雨、8 月 14 日暴雨、9 月 16—19 日局地暴雨及 6、8 月的几次大到暴雨天气过程。

暴雨洪涝灾害共造成 518.3 万人受灾,其中死亡 31 人;农作物受灾面积 9.2 万 hm^2,绝收面积 0.9 万 hm^2;房屋损坏 2.6 万间,倒塌 1.2 万间;直接经济损失 10.0 亿元。

3.3.1　6 月 15 日暴雨

2008 年 6 月 14 日夜间至 16 日白天,重庆市出现了该年首场区域性暴雨,强降水时段主要集中在 14 日夜间至 15 日白天,强降水区域主要集中在渝西地区,潼南、大足、荣昌、永川、万盛、铜梁、北碚、合川、南川、綦江等 10 个区、县达到暴雨,渝北、沙坪坝、璧山、巴南、江津等 5 个区、县出现大暴雨。

14 日 20 时至 16 日 20 时的累计雨量,主城区和潼南、垫江、大足、荣昌、永川、万盛、铜梁、合川、璧山、江津、南川、长寿、涪陵、武隆、綦江等 15 个区、县的 176 个雨量站超过 50 mm,主城区和潼南、大足、永川、铜梁、合川、璧山、江津、南川等 8 个区、县的 55 个雨量站超过 100 mm,最大降水量出现在永川的陈食(220.2 mm)(图 3.3.1)。小时最大雨量出现在永川的陈食,14 日 23:00—15 日 00:00 达74.3 mm;3 小时最大雨量出现在永川的陈食,14 日 22:00—15 日 01:00 达 134.2 mm。

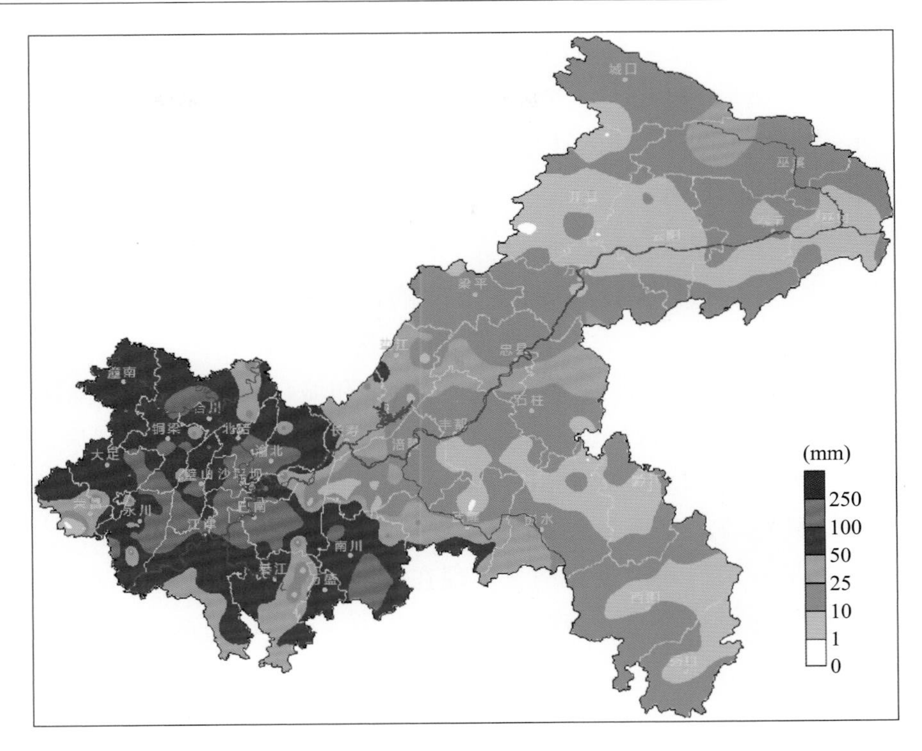

图 3.3.1　重庆市 2008 年 6 月 14 日 20 时—16 日 20 时雨量(mm)分布图

据区、县气象部门上报的灾情统计，此次区域暴雨天气过程造成大足、合川、巴南、沙坪坝、永川、渝北、潼南、万盛、璧山(图 3.3.2)等地受灾，受灾人口达 15.9

图 3.3.2　2008 年 6 月 15 日重庆市璧山县大暴雨(重庆市气象台提供)

万人,其中失踪 1 人,受伤 1 人,转移安置 5000 人;农作物受灾面积 2.05 万 hm^2,成灾面积 48 hm^2,绝收面积 41.4 hm^2;房屋损坏 1438 间,倒塌 389 间;直接经济损失 6399 万元,其中农业经济损失 1400 万元。

3.3.2　7 月 22 日暴雨

2008 年 7 月 21 日夜间至 22 日白天,重庆市出现一次区域暴雨天气过程,强降水区域主要集中在西部偏东、中部及东部的部分地区,渝北、长寿、南川、涪陵、武隆、云阳、巫溪、巫山、酉阳、秀山达暴雨,垫江达大暴雨。

21 日 20 时至 22 日 20 时的累计雨量,主城区和城口、开县、云阳、巫溪、奉节、巫山、垫江、梁平、万州、忠县、石柱、万盛、璧山、江津、南川、长寿、涪陵、武隆、酉阳等 19 个区、县的 114 个雨量站超过 50 mm,主城区和开县、巫溪、奉节、垫江、南川、长寿、涪陵等 7 个区、县的 22 个雨量站超过 100 mm,最大降水量出现在垫江的大石(165.5 mm)(图 3.3.3)。小时最大雨量出现在渝北的石船,21 日 23:00—22 日 00:00 达 87.2 mm;3 小时最大雨量出现在长寿的万顺,21 日 22:00—22 日 01:00 达 110.1 mm。

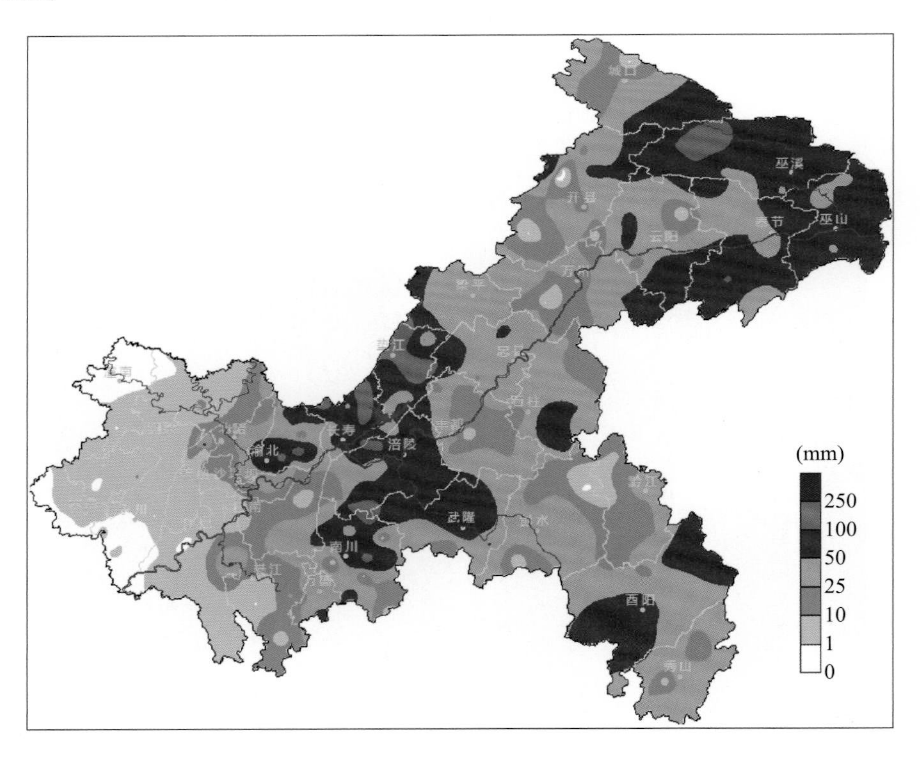

图 3.3.3　重庆市 2008 年 7 月 21 日 20 时—22 日 20 时雨量(mm)分布图

据区、县气象部门上报的灾情统计，此次过程造成垫江、奉节(图3.3.4)、梁平、巫溪、涪陵、南川、武隆、渝北、酉阳等地受灾，受灾人口达63.4万人，其中死亡1人，转移安置4099人；农作物受灾面积2.8万 hm^2，成灾面积4643 hm^2，绝收面积3332 hm^2；房屋损坏2441间，倒塌846间；公路受损362.5 km；死亡大牲畜94头；造成直接经济损失1.15亿元，其中农业经济损失3056万元。

图3.3.4 2008年7月22日重庆市奉节县暴雨(奉节县气象局提供)

3.3.3 8月14日暴雨

2008年8月14日至16日，重庆市自西向东出现了一次强降水天气过程，中东部的大部地区降了中到大雨，云阳、垫江、梁平、忠县、丰都、武隆、黔江、彭水达暴雨，酉阳为大暴雨。

14日08时至17日08时的累计雨量，主城区和城口、开县、云阳、巫溪、奉节、巫山、垫江、梁平、万州、忠县、石柱、长寿、涪陵、丰都、武隆、黔江、彭水、酉阳、秀山等19个区、县的146个雨量站超过50 mm，开县、云阳、巫溪、垫江、梁平、石柱、黔江、彭水、酉阳等9个区、县的21个雨量站超过100 mm，最大雨量出现在酉阳的兴隆(242.2 mm)(图3.3.5)。小时最大雨量出现在开县的大进，15日15:00—16:00达64.1 mm；3小时最大雨量出现在彭水的太原，15日03:00—06:00达104.7 mm。

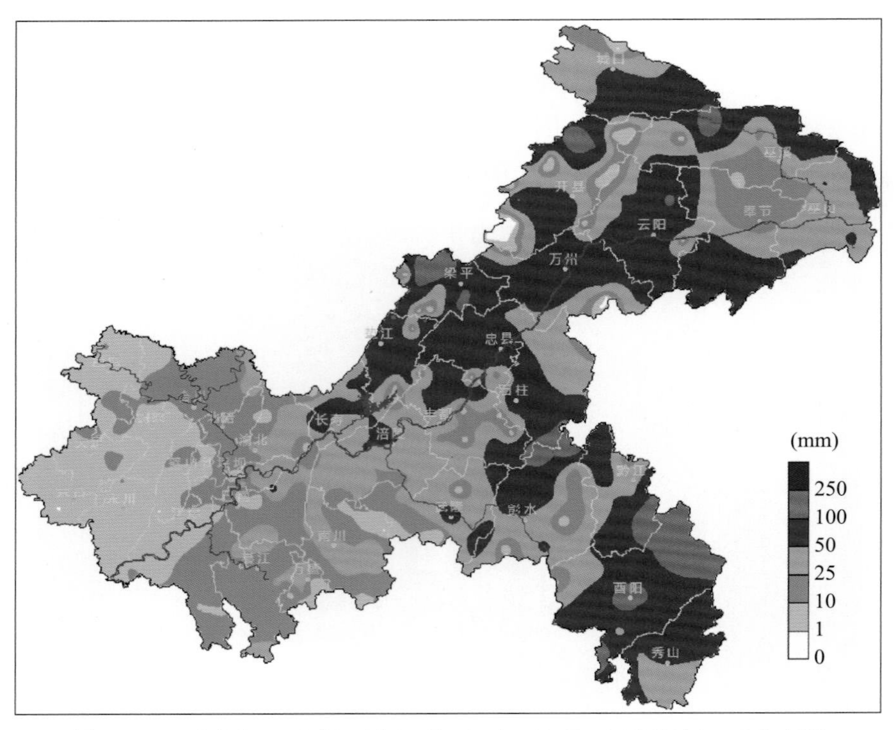

图 3.3.5　重庆市 2008 年 8 月 14 日 08 时—17 日 08 时雨量(mm)分布图

据区、县气象部门上报的灾情统计，此次过程造成合川、彭水、黔江、丰都、酉阳等地受灾，受灾人口达 9.5 万人，其中死亡 1 人、受伤 28 人，1208 人受困，转移安置 1260 人；农作物受灾面积 1.4 万 hm^2，成灾面积 7968.3 hm^2，绝收面积 3877.6 hm^2；房屋损坏 718 间，倒塌 221 间；公路受损 185.5 km；死亡大牲畜 129 头；造成直接经济损失 6679.3 万元，其中农业经济损失 468.6 万元。

3.3.4　9 月 16—19 日局地暴雨

2008 年 9 月 16 日至 19 日，重庆市部分地区出现强降水天气。此次过程因总体持续时间较长，但强降水时段、地区较分散，故未达到区域暴雨天气过程的标准。合川、城口、永川、开县、巫溪、云阳出现暴雨，彭水、江津达大暴雨。

16 日 08 时至 20 日 08 时的累计雨量，主城区和城口、开县、云阳、巫溪、奉节、巫山、垫江、梁平、万州、忠县、石柱、大足、永川、铜梁、合川、璧山、江津、南川、长寿、涪陵、丰都、武隆、黔江、彭水等 24 个区、县的 129 个雨量站超过 50 mm，城口、开县、云阳、巫溪、奉节、梁平、石柱、合川、江津、南川、涪陵、黔江、彭水等 13 个区、县的 31 个雨量站超过 100 mm，最大雨量出现在奉节的平安(167.5 mm)(图 3.3.6)。小时最大雨量出现在黔江的黄溪，18 日 04:00—05:00 达 87.2 mm；3 小时最大雨量出现在江津的德感，18 日 21:00—19 日 00:00 达 130.4 mm。

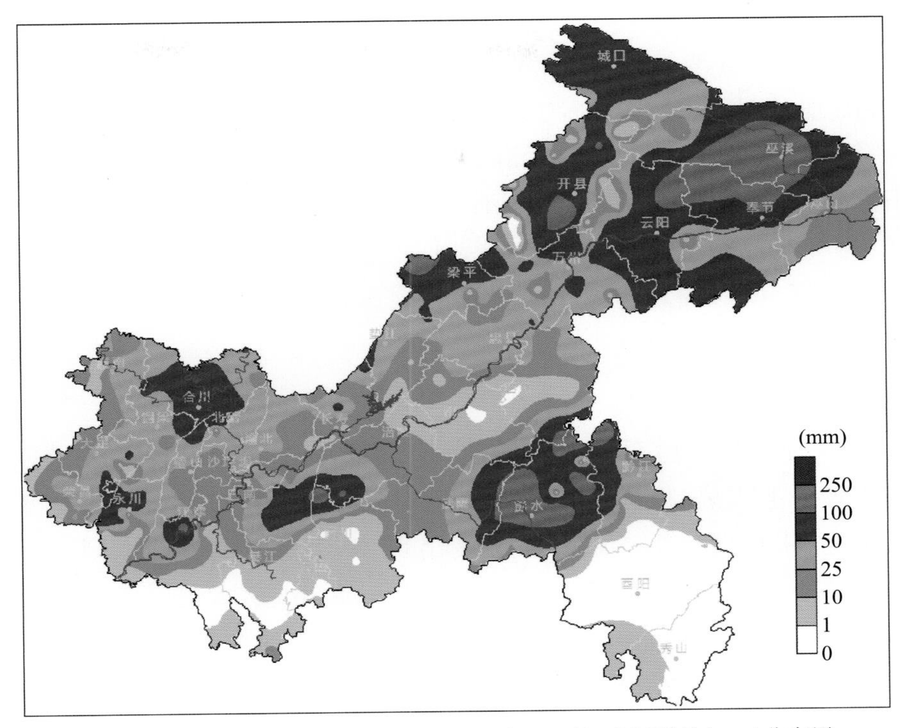

图 3.3.6　重庆市 2008 年 9 月 16 日 08 时—20 日 08 时雨量(mm)分布图

据区、县气象部门上报的灾情统计，此次过程造成城口、云阳、巫溪、奉节、石柱、黔江、彭水、江津、涪陵等区、县出现暴雨、山洪、山体滑坡等灾害，造成不同程度受灾，彭水县受灾最重。灾害共造成 39.1 万人受灾，3 人死亡，紧急转移安置 1.5 万人；农作物受灾面积 9954.7 hm^2，成灾面积 5626 hm^2，绝收面积 709.8 hm^2；损坏房屋 2634 间，倒塌房屋 676 间；共计造成直接经济损失 1.25 亿元，其中农业经济损失 1396 万元。

3.4　大风冰雹

2008 年重庆市共遭受 8 次风雹灾害和 6 次雷电灾害袭击，风雹灾害主要出现在 4—8 月，有 4 月 8 日局地风雹、6 月 5 日局地风雹、7 月 11 日强对流天气过程等几次较重的风雹灾害。

全年风雹灾害造成 128.5 万人受灾，其中死亡 15 人；农作物受灾面积 11.7 万 hm^2，绝收面积 1.4 万 hm^2；房屋损坏 2.9 万间，倒塌 0.4 万间；直接经济损失 2.9 亿元。

3.4.1　4月8日局地风雹

2008年4月8日凌晨，重庆市奉节、巫山、巫溪、云阳等4个区、县遭受风雹袭击，巫山县出现的冰雹最大直径达3 cm左右；巫溪境内的冰雹持续时间10～20 min，一般雹粒直径1～1.5 cm，最大直径为2.4 cm，山口河谷地带风力7～9级。云阳冰雹持续时间长达10余min，冰雹直径1～1.5 cm。

据区、县气象部门上报的灾情统计，此次过程共造成37.9万人受灾，农作物受灾面积4.1万 hm^2，损坏房屋1.49万间，倒塌322间，直接经济损失1.15亿元，其中农业经济损失3460万元。

3.4.2　6月5日风雹

2008年6月5日午后至傍晚，重庆市中东部部分地区出现了大风冰雹灾害。垫江出现7级以上大风，极大风速达到18.9 m/s，冰雹颗粒直径最大达6～7 mm；丰都出现冰雹，冰雹直径5～15 mm；涪陵出现20.1 m/s的8级大风；南川遭受大风(约为6～7级)、冰雹(冰雹直径最大达2 cm)袭击；彭水遭受严重的冰雹袭击，冰雹灾害持续20 min左右，直径1～2 cm；黔江出现风雹天气，冰雹直径1～1.5 cm，最大达2 cm，并伴有8级左右的大风；云阳发生冰雹灾害，冰雹持续近10 min左右，最大约胡豆大小。

据区、县气象部门上报的灾情统计，此次过程造成长寿(图3.4.1)、垫江、丰都、涪陵、南川、彭水、黔江、云阳、石柱等区县受灾，共造成27.7万人受灾，受伤5

图3.4.1　2008年6月5日重庆市长寿区出现冰雹(长寿区气象局提供)

人，转移安置251人；农作物受灾面积4.2万hm^2，成灾面积8387.0 hm^2，绝收面积1968.4 hm^2；损坏房屋2.6万间，倒塌303间；直接经济损失1.7亿元。

3.4.3 7月11日强对流天气

2008年7月11日午后至傍晚，重庆市出现一次强对流天气，南川、巫溪、彭水、永川、江津、綦江、荣昌、黔江等地遭受风雹袭击，最大风力11级，冰雹持续时间10～20 min，冰雹最大直径4 cm。江津遭受了罕见的9级以上大风；南川出现风雹天气，冰雹最大直径10 mm，局部地方风力达8级以上；彭水出现极大风速为12.5 m/s的大风；黔江遭受大风袭击，最大风力8～9级。

据区、县气象部门上报的灾情统计，此次过程共造成16.2万人受灾，死亡2人，受伤2人，转移安置50人；农作物受灾面积7013.3 hm^2，成灾面积2455.2 hm^2，绝收面积1572.8 hm^2；损坏房屋3312间，倒塌24间；直接经济损失4611.2万元。

3.5 其他灾害

3.5.1 雷电

2008年4月17日，万州区天城镇小岩村发生雷击事故。

2008年5月2日，垫江县出现雷阵雨天气，导致高峰镇红星村发生雷击事故。

2008年6月20日，大足县国梁镇全力村八社发生一起雷击事故。

2008年8月5日，云阳县人和镇龙水村八组发生一起雷电灾害事故。

2008年8月6日下午15时左右，大足县铁山镇遭受雷电袭击，造成电器、路灯、光纤受损。

2008年8月10日，彭水县万足镇出现雷电灾害。

2008年8月21日，万州区出现雷雨天气过程，造成白羊镇友谊村2户人家被雷击引发火灾，烧毁房屋、粮食、以及家具、电器、衣物等日用品。

3.5.2 干旱

2008年5月10日—6月6日，万州出现干旱，造成人员饮水困难、农作物受灾。

3.5.3 滑坡

2008年7月31日，酉阳县黑水镇大泉村5组因局地强降水造成山体滑坡，人员饮水问题受到影响。

2008年8月29日，云阳县部分乡镇出现滑坡，造成人员受伤、农作物受灾、房屋损坏、公路受损。

2008 年 9 月 3 日，万州区龙驹镇太吉村一组 318 国道边，发生山体滑坡，致使人员伤亡、房屋倒塌。

3.5.4 连阴雨

2008 年 10 月 24 日—11 月 2 日，江津区出现连阴雨天气，导致农作物受灾、房屋受损倒塌。

第4章　2009年气候概况及气象灾害

4.1　概述

4.1.1　2009年重庆市气候概况

2009年，重庆市年平均气温18.1℃，较常年偏高0.7℃，其中冬季显著偏高1.4℃，为历史同期次高值。重庆市年降水量1027.2 mm，较常年偏少10%，是近10年第三低值。年内主要异常天气气候事件有冬季气温偏高，2月前期升温迅速，气温异常偏高；春季入春偏早，气温波动较大，大雨开始期偏早；夏季暴雨、强降水过程频繁，盛夏旱涝交错；初秋高温热浪较强，秋季强降温幅度大、范围广，大雾天气较多。

重庆市平均气温分布情况为：酉阳、石柱、黔江等地14.8～16.5℃，其余地区17.2～19.3℃；中西部及沿江地区普遍超过18.0℃，其中巫山、綦江等地在19.0℃以上(图4.1.1)。与常年相比，大部地区偏高0.5～1.1℃(图4.1.2)，偏高比较明显的

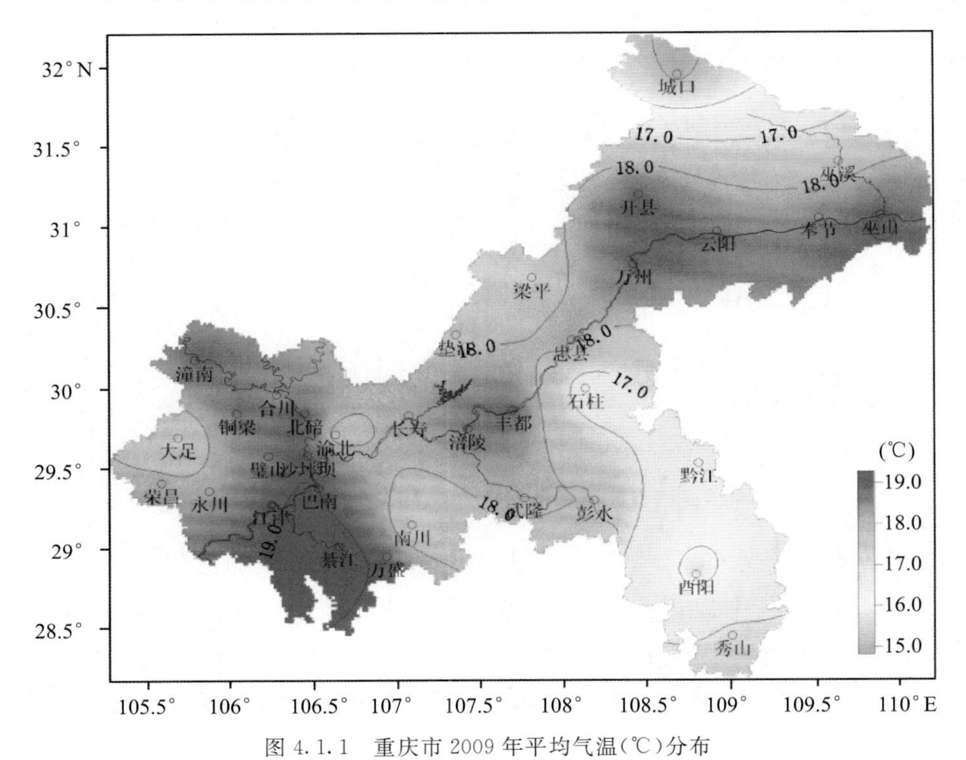

图4.1.1　重庆市2009年平均气温(℃)分布

区域主要集中在北部、南部的边缘一带。潼南年平均气温居历史同期首位。

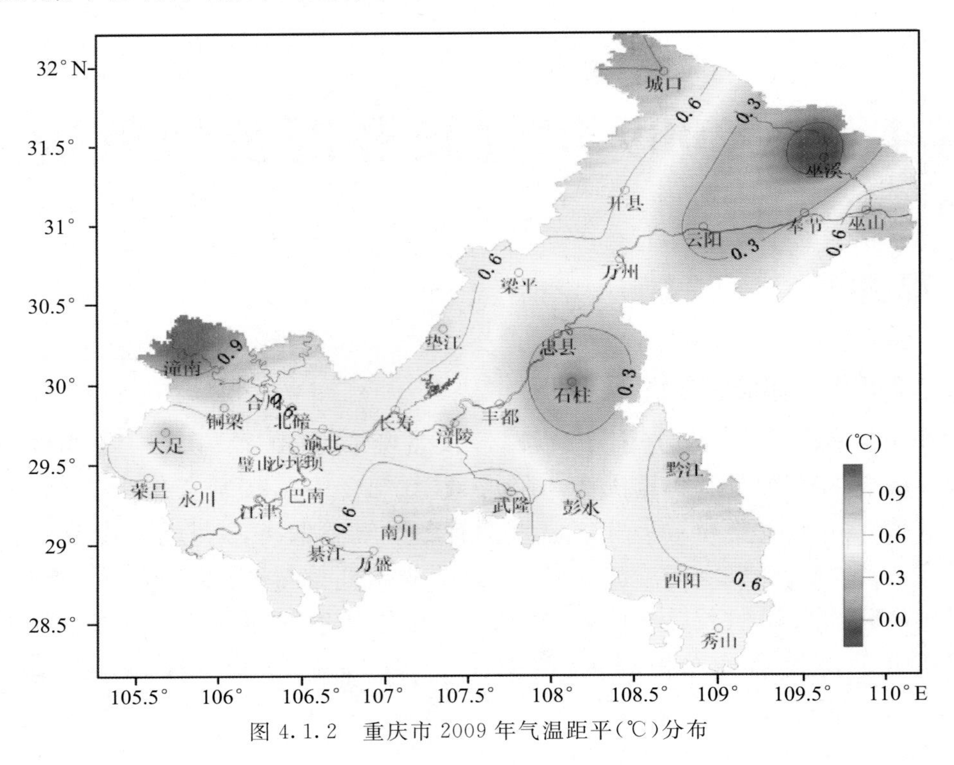

图 4.1.2 重庆市 2009 年气温距平(℃)分布

重庆市各月平均气温，1、4、5、8、12 月接近常年；11 月偏低 1.3℃；2、3、6、7、9、10 月偏高0.6～3.6℃，其中 2 月偏高 3.6℃(图 4.1.3)。

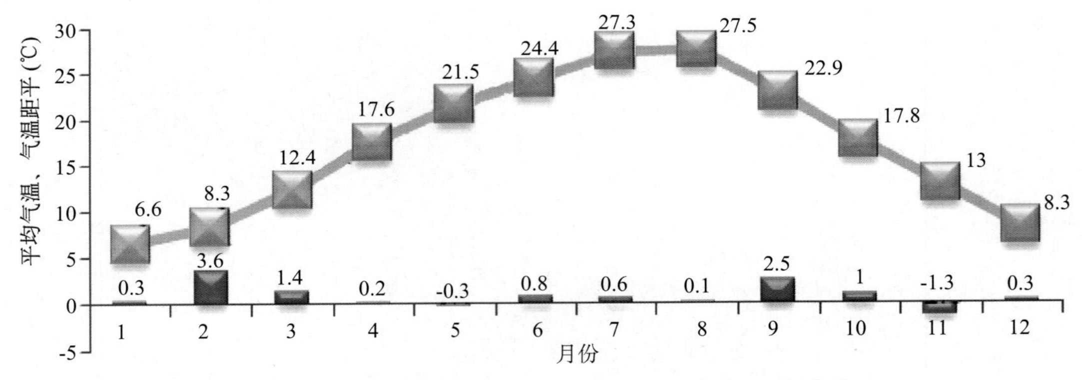

图 4.1.3 2009 年重庆市平均气温、气温距平(℃)逐月变化

重庆市各地年降水量 736.2～1272.4 mm。降水最多的区域位于西部和东北部，超过 1100 mm，其中以巴南区降水量最多，达 1272.4 mm；最少的区域位于武隆、丰都、石柱、彭水及西部的永川、潼南等地，小于 850 mm(图 4.1.4)。与常年相比，彭水、永川、武隆、石柱等地偏少 2～3 成，其余地区接近常年(图 4.1.5)。彭水(855.6 mm)年降水量为历史次低值，永川(736.2 mm)、石柱(784.5 mm)为历史

第三低值。

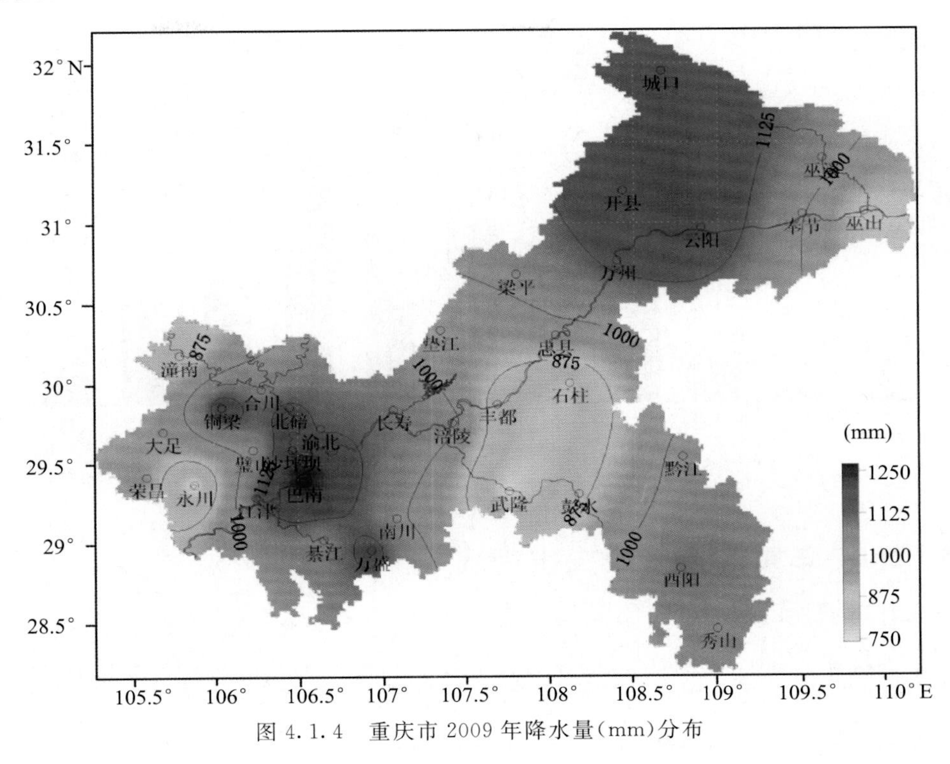

图 4.1.4　重庆市 2009 年降水量(mm)分布

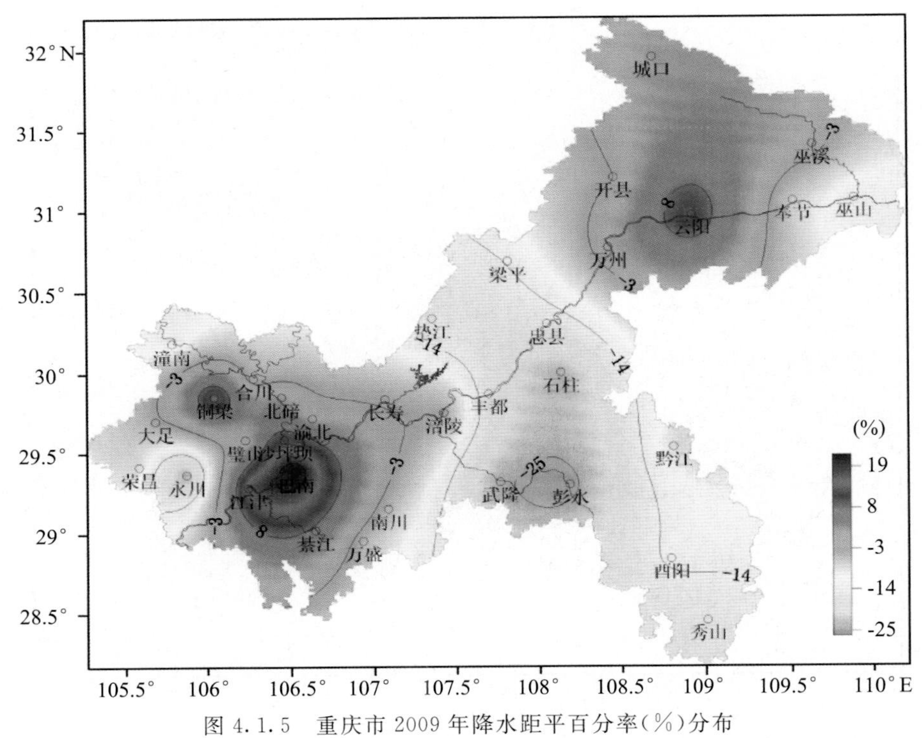

图 4.1.5　重庆市 2009 年降水距平百分率(%)分布

重庆市各月降水：2、7、9—12 月较常年偏少 20%～45%，1、3—6 月接近常年，8 月偏多 54%(图 4.1.6)。

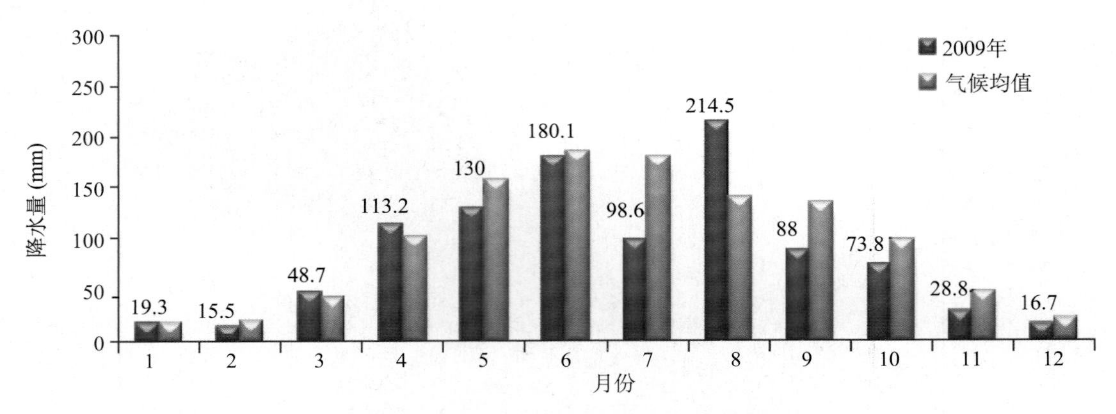

图 4.1.6　2009 年重庆市平均降水量(mm)逐月变化

4.1.2　2009 年重庆市气象灾害简况

2009 年重庆市发生的气象灾害主要有大风冰雹、暴雨洪涝、盛夏伏旱，此外局部地区还出现了滑坡、病虫害、连阴雨、雪灾等(图 4.1.7)。其中暴雨洪涝灾害造

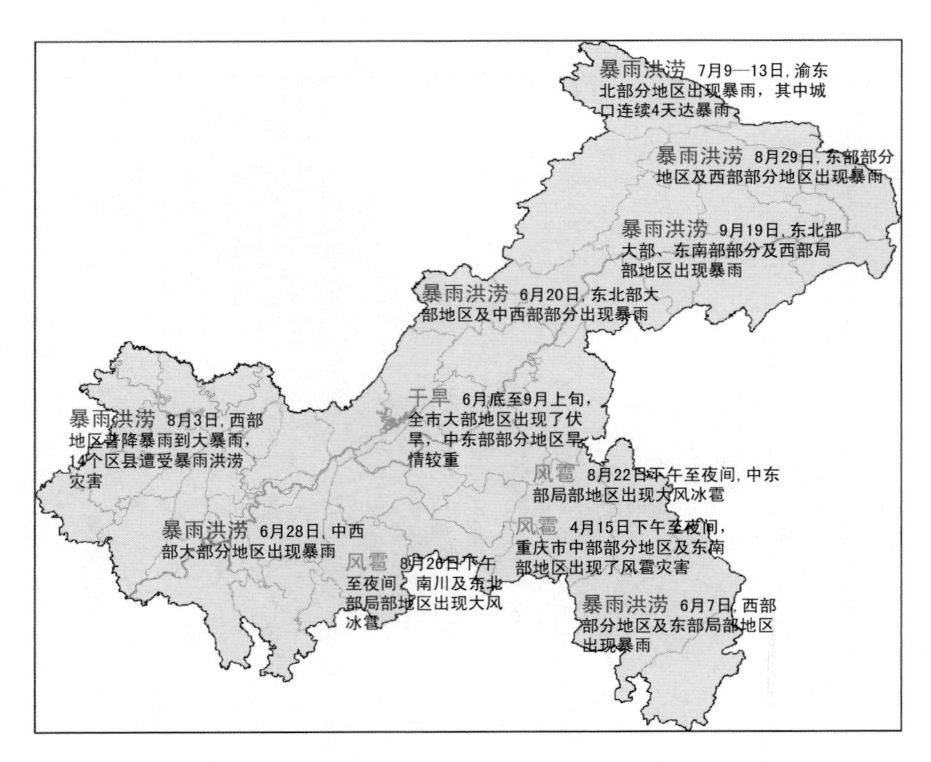

图 4.1.7　2009 年重庆市主要气象灾害分布示意图

成的灾情最重，大风冰雹其次。总体而言，2009年重庆市气象灾害表现为"暴雨洪涝偏重，风雹灾害不强，盛夏伏旱较轻"的形势(图4.1.8，图4.1.9)。与2000年以来相比，2009年重庆市的气象灾害属中等程度，比2008年略偏重。

据统计，重庆市全年因灾造成1186.7万人受灾，其中死亡87人、失踪72人，农作物受灾面积49.5万 hm^2、绝收面积4.1万 hm^2，直接经济损失48.2亿元。

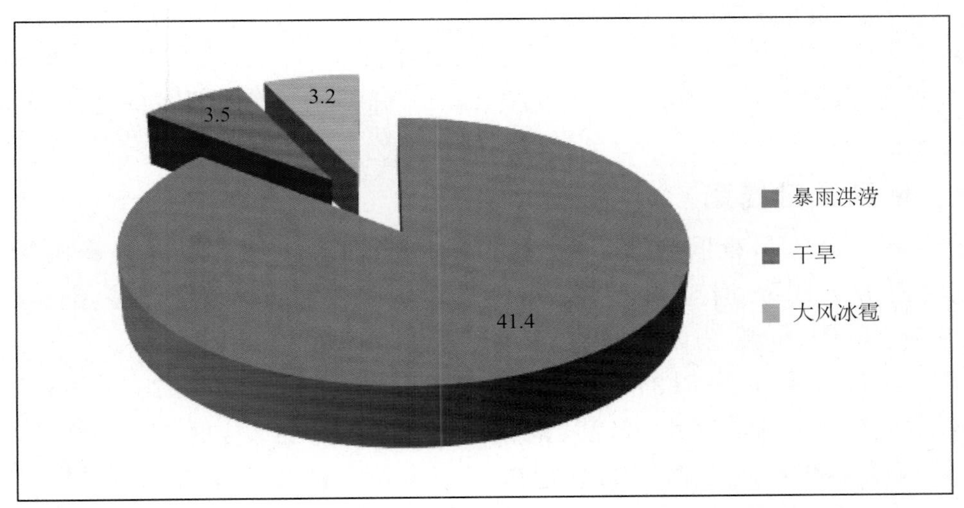

图4.1.8　重庆市2009年主要气象灾害直接经济损失示意图(单位:亿元)

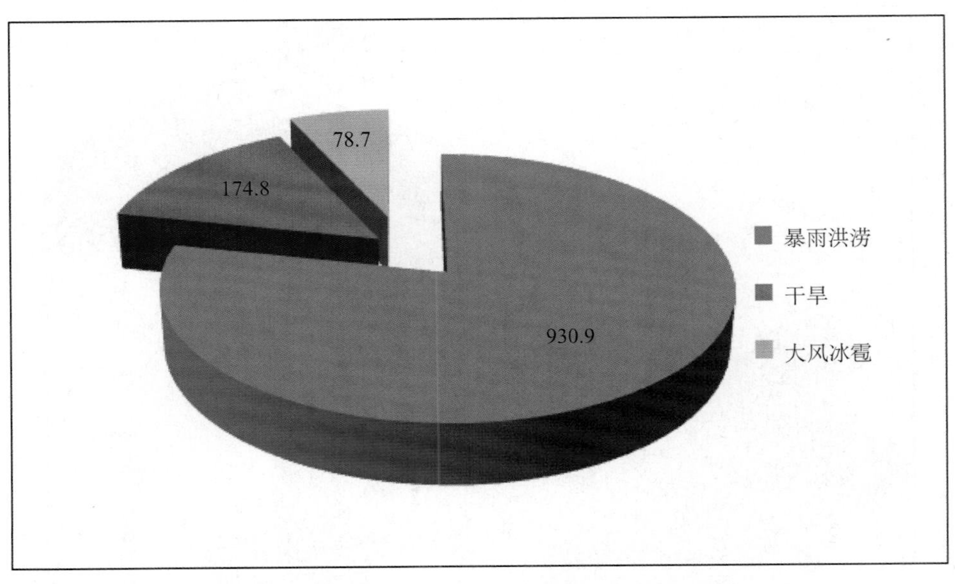

图4.1.9　重庆市2009年主要气象灾害受灾人口示意图(单位:万人)

4.2 暴雨洪涝

2009 年重庆市暴雨、强降水天气发生频繁，暴雨洪涝灾害偏重，主要出现了 6 月 7 日、6 月 20 日、6 月 28 日、8 月 3 日、8 月 29 日、9 月 19 日六次区域暴雨天气过程及 5 月 12 日局部暴雨、7 月 9—13 日渝东北暴雨、7 月 26 日局部暴雨等强降水天气过程。此外，局地的强降水天气还引发了山洪、山体滑坡等次生灾害。

暴雨洪涝灾害共造成 930.9 万人受灾，其中死亡 82 人；农作物受灾面积 32.7 万 hm^2，绝收面积 2.0 万 hm^2；房屋受损 15.1 万间，倒塌 6.3 万间；直接经济损失 41.4 亿元。

4.2.1 6 月 7 日暴雨

2009 年 6 月 6 日夜间至 8 日白天，重庆市出现了该年首场区域暴雨天气，主要降水时段为 7 日 08 时至 8 日 08 时，大部地区降了中到大雨，荣昌、铜梁、合川、北碚、巴南、南川、万盛、云阳、酉阳等 9 个区、县达暴雨。

6 日 20 时至 8 日 20 时的累计雨量，重庆市 32 个区、县的 325 个雨量站超过 50 mm，主城区和开县、万州、忠县、铜梁、酉阳等 5 个区、县的 27 个雨量站超过 100 mm，最大雨量出现在酉阳的五福(145.7 mm)(图 4.2.1)。小时最大雨量出现在酉阳的清泉，8 日 05:00—06:00 达 60.8 mm；3 小时最大雨量也出现在酉阳的清泉，8 日 05:00—08:00 达 89.9 mm。

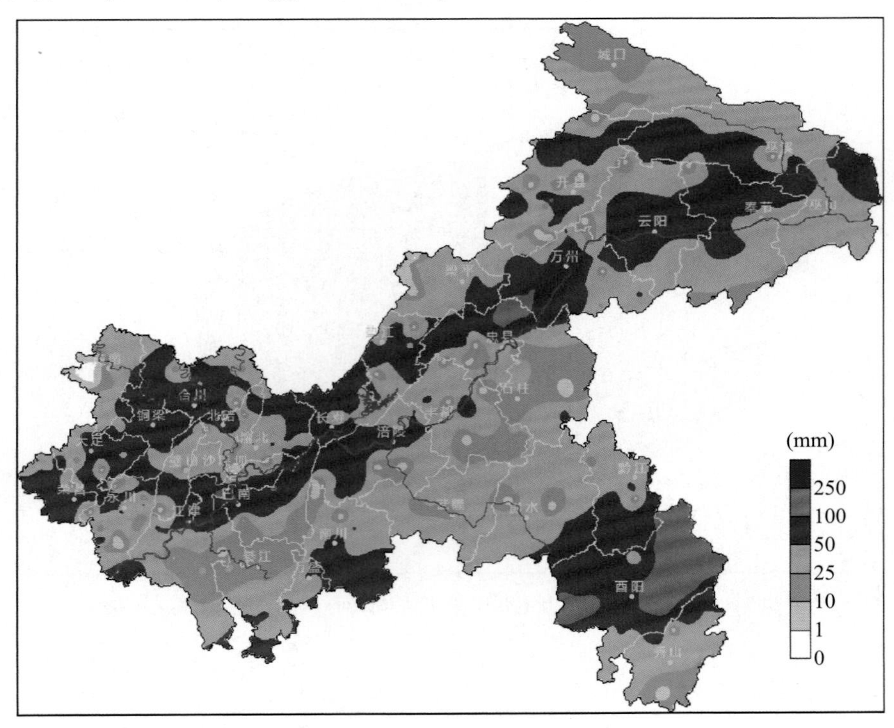

图 4.2.1 重庆市 2009 年 6 月 6 日 20 时—8 日 20 时雨量(mm)分布图

据区、县气象部门上报的灾情统计，此次区域暴雨天气过程造成巴南、北碚、荣昌、酉阳、万州、万盛等地受灾，受灾人口达 4.8 万人，转移安置 120 人，农作物受灾面积 1.2 万 hm^2、绝收面积 285 hm^2，房屋损坏 904 间、倒塌 318 间，直接经济损失 5783 万元。

4.2.2　6 月 20 日暴雨

2009 年 6 月 19 日夜间至 21 日夜间，重庆市出现区域暴雨天气，奉节、梁平、万州、忠县、渝北、南川、长寿、涪陵、万盛等 9 个区、县达暴雨。

19 日 20 时至 22 日 08 时的累计雨量，主城区和开县、云阳、奉节、巫山、垫江、梁平、万州、忠县、石柱、南川、长寿、涪陵、丰都、武隆、黔江、彭水、綦江、酉阳、秀山等 19 个区、县的 203 个雨量站超过 50 mm，主城区和开县、奉节、巫山、梁平、万州、忠县、南川、长寿、涪陵、武隆等 10 个区、县的 51 个雨量站超过 100 mm，最大雨量出现在南川的鱼泉(220.0 mm)(图 4.2.2)。小时最大雨量出现在涪陵的青羊，20 日00:00—01:00 达 77.0 mm；3 小时最大雨量出现在南川的铁村，20 日 00:00—03:00 达 143.4 mm。

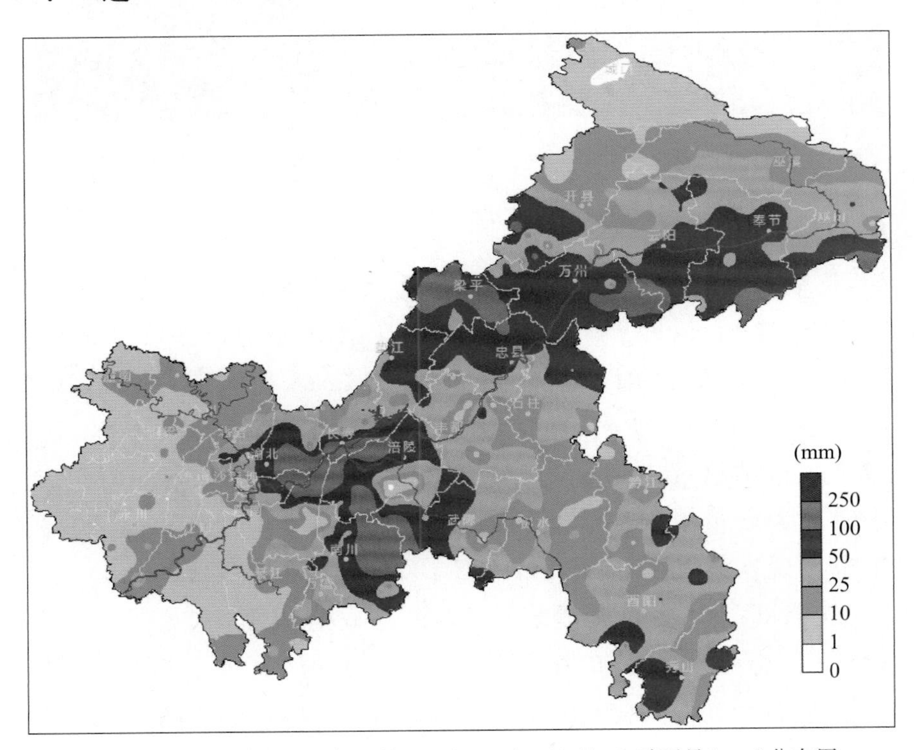

图 4.2.2　重庆市 2009 年 6 月 19 日 20 时—22 日 08 时雨量(mm)分布图

据区、县气象部门上报的灾情统计，此次区域暴雨天气过程造成巴南、涪陵、南川、渝北(图 4.2.3)、云阳、奉节、梁平、万州、石柱、忠县、长寿等地受灾，受灾人口达 103.4 万人，其中死亡 7 人，失踪 3 人，受伤 9 人，转移安置 5707 人，农作物受灾面积 5.6 万 hm^2、绝收面积 1538 hm^2，房屋损坏 9839 间、倒塌 2882 间，直接经济损失 3.9 亿元。

图 4.2.3　2009 年 6 月 20 日重庆市渝北区暴雨(渝北区气象局提供)

4.2.3　6 月 28 日暴雨

2009 年 6 月 28 日白天开始，重庆市出现一次区域暴雨天气过程，其中北碚、巴南、潼南、渝北、荣昌、涪陵、垫江、梁平 8 个区、县达暴雨，长寿、江津达大暴雨。

28 日 08 时至 30 日 14 时的累计雨量，重庆市 32 个区、县的 295 个雨量站超过 50 mm，主城区和巫山、潼南、垫江、忠县、合川、江津、长寿、丰都、綦江等 9 个区、县的 41 个雨量站超过 100 mm。最大雨量出现在垫江的高安(174.9 mm)(图 4.2.4)。小时最大雨量出现在渝北的统景，29 日 10:00—11:00 达 70.0 mm；3 小时最大雨量也出现在渝北的统景，29 日 10:00—13:00 达 122.4 mm。

据区、县气象部门上报的灾情统计，此次过程造成巫山、梁平、巫溪、奉节、巴南、丰都、沙坪坝、忠县、渝北、垫江、合川、江津、开县、彭水、潼南、荣昌、涪陵、北碚、万州、石柱等 19 个区、县受灾，受灾人口达 108.6 万人，其中死亡 3 人、失踪 1 人，受伤 8 人，转移安置 1.3 万人，农作物受灾面积 4.8 万 hm^2，绝收面积 2112 hm^2，房屋损坏 11533 间、倒塌 5144 间，公路受损 211 km，直接经济损失 3.8 亿元。

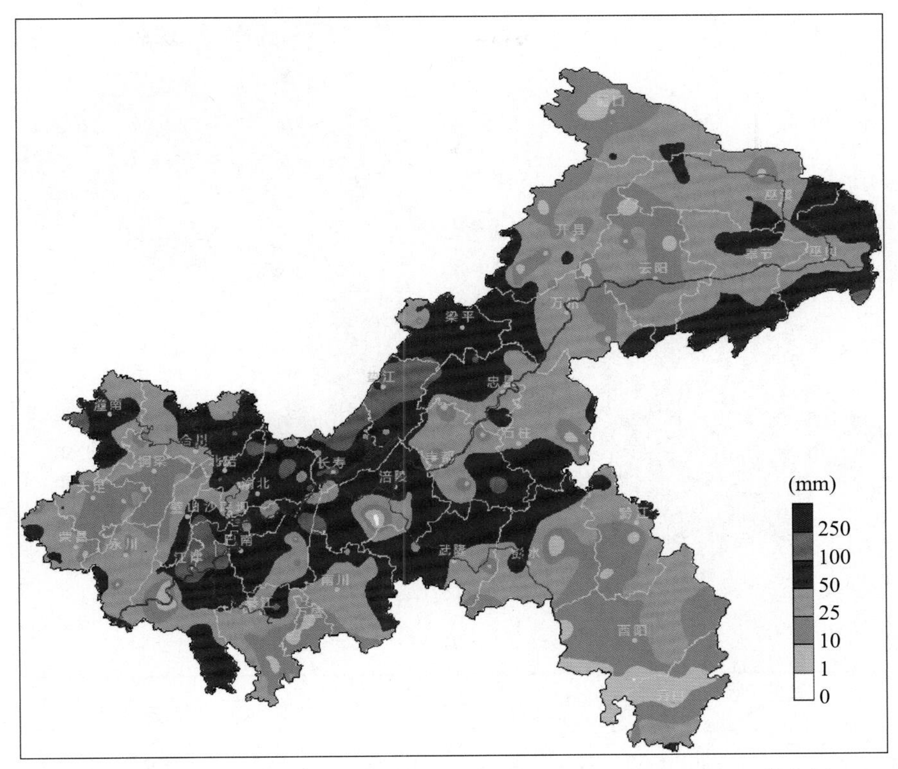

图 4.2.4　重庆市 2009 年 6 月 28 日 08 时—30 日 14 时雨量(mm)分布图

4.2.4　8 月 3 日渝西大暴雨

2009 年 8 月 2 日夜间至 5 日白天，重庆市西部地区出现了一次暴雨天气过程，强降雨时段主要在 3 日凌晨至 5 日上午，潼南、铜梁、璧山、合川、北碚、渝北、沙坪坝、巴南、江津、綦江出现大暴雨，大足、万盛出现暴雨，中东部地区普遍为小到中雨。

2 日 20 时至 5 日 20 时，主城区和城口、开县、潼南、垫江、大足、荣昌、永川、万盛、铜梁、合川、璧山、江津、南川、长寿、涪陵、武隆、綦江等 17 个区、县的 296 个雨量站超过 50 mm，其中 12 个区、县的 199 个雨量站超过 100 mm，主城区和潼南、大足、铜梁、合川、璧山、江津等 6 个区、县的 56 个雨量站超过 250 mm，最大雨量出现在铜梁的巴岳(412.7 mm)(图 4.2.5)。小时最大雨量出现在渝北的天府，4 日07:00—08:00 达 74.3 mm；3 小时最大雨量出现在铜梁的高楼，3 日 06:00—09:00 达 123.4 mm。

据区、县气象部门上报的灾情统计，此次过程造成长寿、垫江、江津、合川、潼南、巴南、綦江、璧山、大足、北碚、万盛、渝北、铜梁、沙坪坝等地受灾，受灾人口达 183.9 万人，其中死亡 10 人、失踪 1 人、受伤 40 人，转移安置 7.8 万人，农作物受

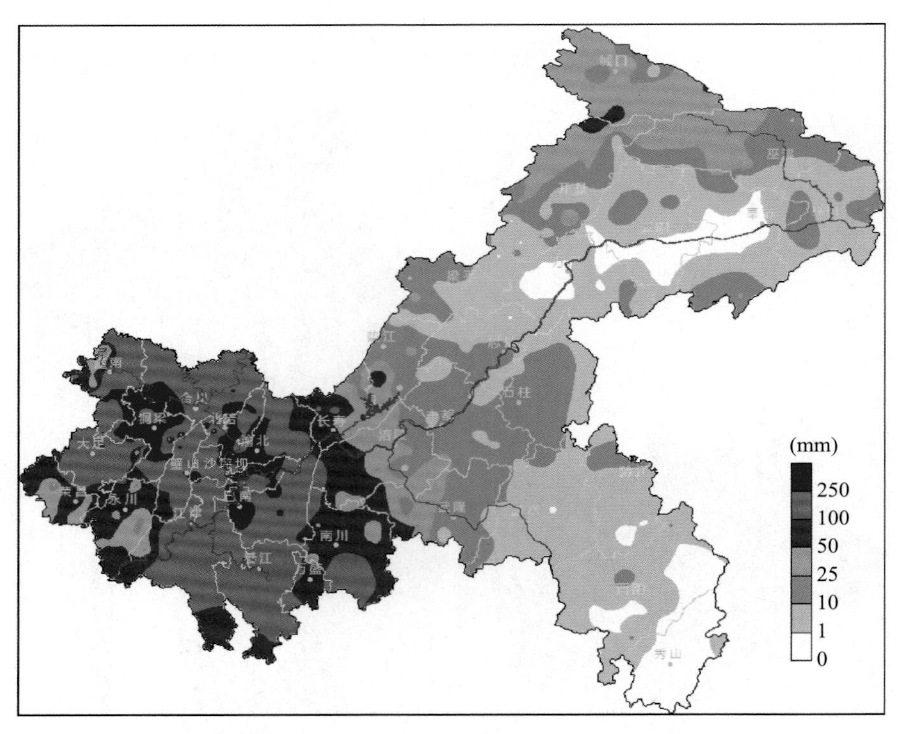

图 4.2.5　重庆市 2009 年 8 月 2 日 20 时—5 日 20 时雨量(mm)分布图

灾面积 8.5 万 hm^2,绝收面积 3677 hm^2,房屋损坏 25718 间、倒塌 15812 间,公路受损113 km,直接经济损失 13.1 亿元。

4.2.5　8 月 29 日暴雨

2009 年 8 月 28 日夜间至 29 日,重庆市再次出现一次区域暴雨天气过程,荣昌、合川、铜梁、璧山、万盛、南川、垫江、奉节、黔江、秀山等 10 个区、县为暴雨,大足达大暴雨。

8 月 28 日 20 时—30 日 08 时的累计雨量,重庆市 27 个区县的 210 个雨量站超过 50 mm,云阳、奉节、万州、忠县、大足、铜梁、合川、江津、黔江等 9 个区、县的 21 个雨量站超过 100 mm,最大雨量出现在合川的官渡(158.9 mm)(图 4.2.6)。小时最大雨量出现在铜梁的大庙,29 日 02:00—03:00 达 101.3 mm;3 小时最大雨量出现在合川的官渡,29 日 00:00—03:00 达 119.7 mm。

据区、县气象部门上报的灾情统计,此次过程造成巫溪、大足、万州等地受灾,受灾人口达 16.7 万人,其中死亡 1 人,被困 42 人,农作物受灾面积 9215.4 hm^2、成灾面积 1694.2 hm^2,房屋损坏 585 间、倒塌 216 间,公路受损 358 km,直接经济损失 4520 万元。

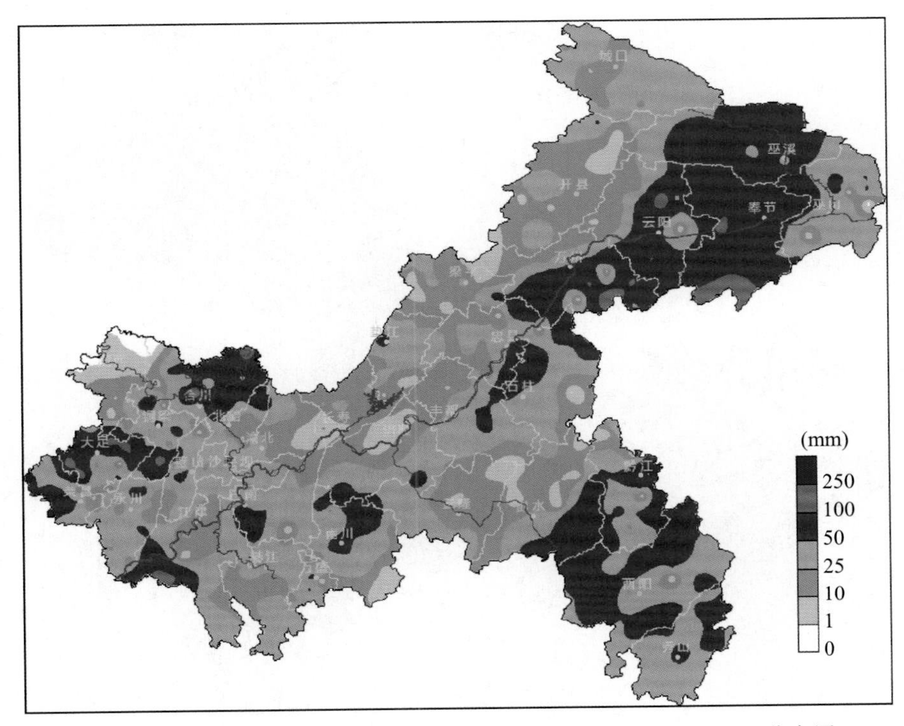

图 4.2.6　重庆市 2009 年 8 月 28 日 20 时—30 日 08 时雨量(mm)分布图

4.2.6　9 月 19 日暴雨

2009 年 9 月 19—20 日，重庆市大部地区出现了大雨到暴雨，局部地区大暴雨。璧山、忠县、开县、奉节、巫山、黔江、秀山等 7 个区县为暴雨，云阳、万州为大暴雨。

19 日 08 时—21 日 08 时的累计雨量，重庆市 35 个区、县的 353 个雨量站超过 50 mm，开县、云阳、奉节、梁平、万州、忠县、石柱、武隆、黔江、彭水等 10 个区、县的 73 个雨量站超过 100 mm，开县的镇安、云阳的泥溪超过 250 mm(273.7、260.2 mm)(图 4.2.7)。小时最大雨量出现在黔江的中塘，20 日 05:00—06:00 达 75.1 mm；3 小时最大雨量出现在黔江的黄溪，20 日 02:00—05:00 达 142.8 mm。

据区、县气象部门上报的灾情统计，此次过程造成万州、云阳、奉节、彭水、石柱、黔江等地受灾，受灾人口达 117.5 万人，其中死亡 5 人、受伤 161 人，转移安置 1.3 万人，农作物受灾面积 1.7 万 hm^2、绝收面积 338 hm^2，房屋损坏 10187 间、倒塌 2676 间，公路受损 7786 km，直接经济损失近 2.2 亿元。

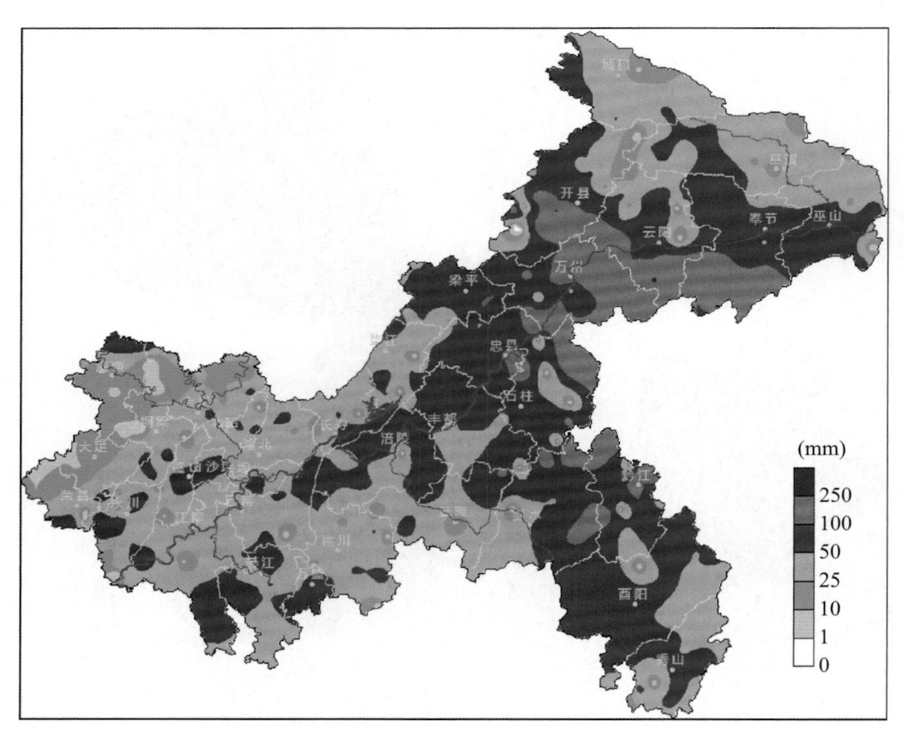

图 4.2.7　重庆市 2009 年 9 月 19 日 08 时—21 日 08 时雨量(mm)分布图

4.2.7　7 月 9—13 日渝东北暴雨

2009 年 7 月 9—13 日，重庆市东北部地区出现暴雨天气，开县、云阳达暴雨，城口达大暴雨，其中城口连续 4 日出现暴雨，累计降水量达到 326.3 mm，为有气象记录以来连续 4 日累积雨量的最大值。

9 日 08 时—14 日 08 时的累计雨量，城口、开县、云阳、巫溪、奉节、巫山、潼南、万州、石柱、大足、荣昌、永川、铜梁、合川、南川、黔江、彭水、綦江、酉阳等 19 个区、县的 179 个雨量站超过 50 mm，城口、开县、云阳、巫溪、奉节、潼南、万州、大足、綦江、酉阳等 10 个区、县的 73 个雨量站超过 100 mm，城口、开县、巫溪等 3 个区、县的 26 个雨量站超过 250 mm，最大雨量出现在城口的双河(523.3 mm)(图 4.2.8)。

据区、县气象部门上报的灾情统计，此次过程造成城口(图 4.2.9，图 4.2.10)、云阳、巫溪、开县、万州、酉阳等地受灾，受灾人口达 37.9 万人，其中死亡 4 人、失踪 2 人、受伤 18 人，转移安置 4858 人，农作物受灾面积 1.8 万 hm^2、绝收面积 2792.9 hm^2，房屋损坏 10823 间、倒塌 6546 间，公路受损 1444.0 km，直接经济损失 4.4 亿元。

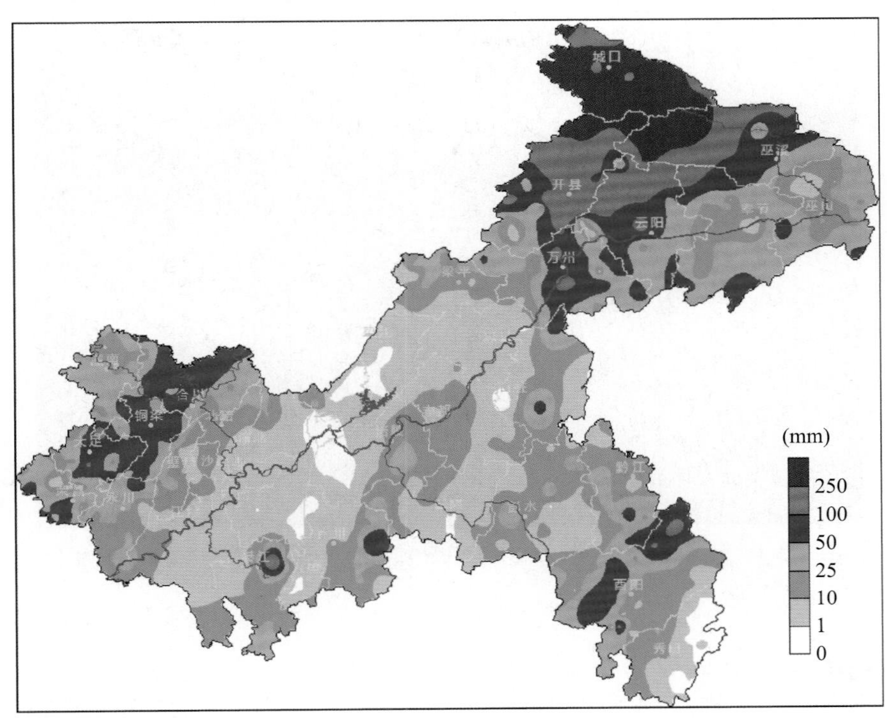

图 4.2.8　重庆市 2009 年 7 月 09 日 08 时—14 日 08 时雨量(mm)分布图

图 4.2.9　2009 年 7 月 10—13 日重庆市城口县大暴雨(城口县气象局提供)

图 4.2.10　2009 年 7 月 10—13 日重庆市城口县大暴雨(城口县气象局提供)

4.3　干旱

2009 年盛夏,重庆市大部地区发生了伏旱,中西部北碚、渝北、长寿等 13 个区县出现两段伏旱天气。

2009 年 7 月中下旬和 8 月中下旬期间,重庆市 34 个区、县均出现两段 35℃以上高温天气,江津、綦江、彭水、巴南、武隆、丰都、云阳、北碚、沙坪坝、万盛、忠县、万州、开县、巫山等 14 个区、县出现 40℃以上高温。7、8 月极端最高气温分别为万盛的 41.5℃、綦江的 40.8℃。7 月 12—22 日重庆市最高气温均值排名仅次于 2006 年同期,列历史第二高位(图 4.3.1)。

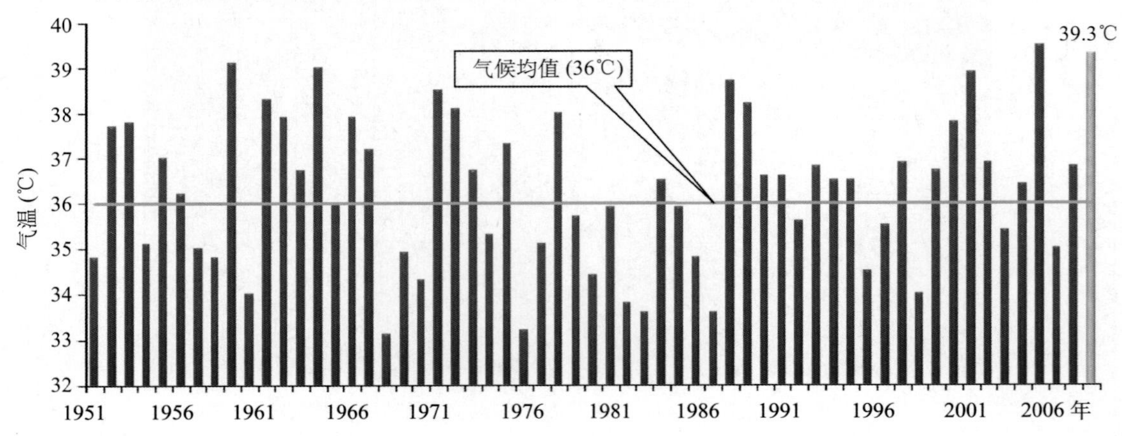

图 4.3.1　1951—2009 年重庆市 7 月 12—22 日平均最高气温(℃)变化

受高温天气影响，重庆市 27 个区、县累计出现 40 站次伏旱，其中重旱 1 站次（石柱）、中旱 7 站次（忠县、酉阳、巫山、垫江、梁平、渝北、长寿），轻旱 32 站次（图 4.3.2）。石柱伏旱天数达 40 天，其余大部分地区伏旱天数为 20～32 天。总体伏旱情况重于 2008 年。

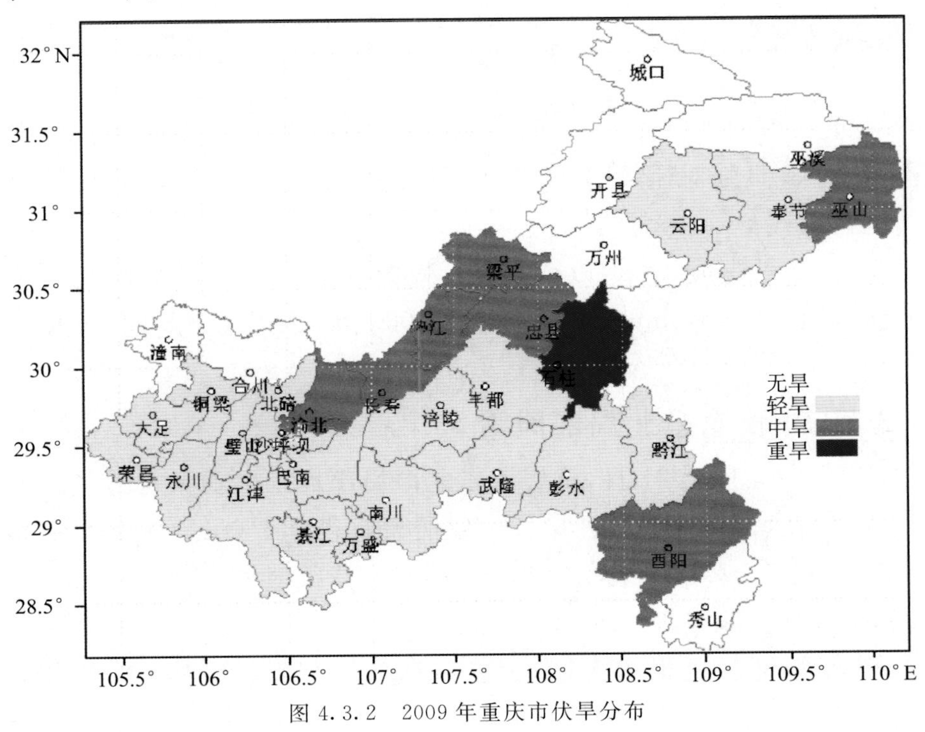

图 4.3.2 2009 年重庆市伏旱分布

中西部北碚、渝北、长寿、万盛、璧山、江津、垫江、涪陵、丰都、武隆、巫山、忠县、彭水等 13 个区、县出现两段伏旱（图 4.3.3），两段旱站次排名列历史第二位。

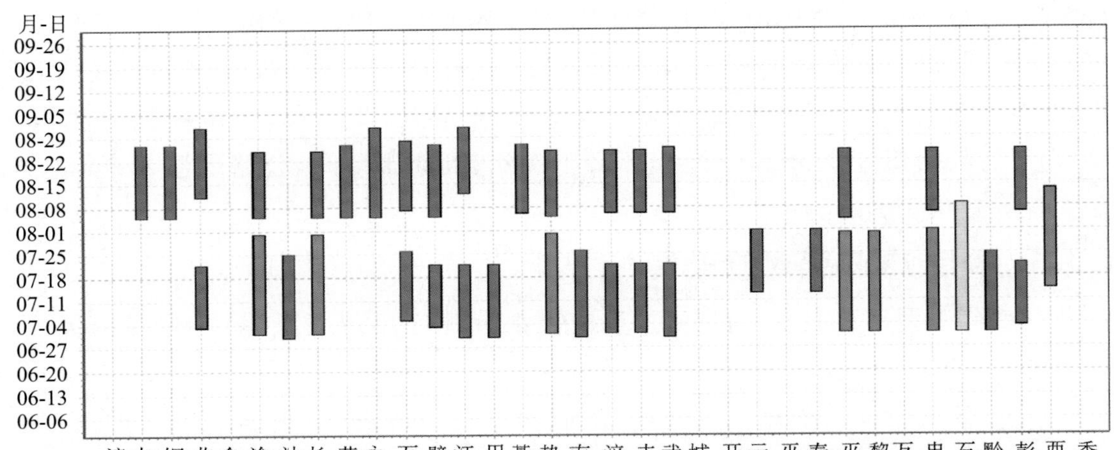

图 4.3.3 2009 年 6—9 月重庆市伏旱示意图

据区、县气象部门上报的灾情统计，丰都、酉阳、彭水、黔江、渝北、潼南、秀山等地出现灾情，共造成174.8万人受灾，33.0万人饮水困难；农作物受灾面积13.7万 hm^2，绝收面积1.7万 hm^2；造成直接经济损失3.5亿元。

4.4 大风冰雹

2009年重庆市的大风冰雹灾害较2008年偏轻，主要出现了3月20日渝东北局部风雹、4月15日强对流天气、8月22日强对流天气、8月26日局地风雹等几次较大的风雹天气。

全年风雹灾害造成78.7万人受灾，其中死亡5人；农作物受灾面积2.1万 hm^2，绝收面积0.2万 hm^2；房屋损坏19 000间，倒塌4 000间；直接经济损失3.2亿元。

4.4.1 3月20日渝东北局部风雹

2009年3月20日至21日，重庆市东北部局部地区出现风雹天气。万州出现8级大风，冰雹持续时间长达10 min，颗粒最大直径达5 cm。巫溪县中岗乡龙台村七社、大河村的五、六社一线受冰雹袭击，冰雹持续时间15～30 min，雹粒直径最大达2 cm，平地铺积厚度约5 cm。

据区、县气象部门上报的灾情统计，共造成2.1万人受灾，农作物受灾面积380.2 hm^2，房屋损坏812间、倒塌8间，造成直接经济损失250万元。

4.4.2 4月15日强对流天气

2009年4月15日下午至夜间，重庆市部分地区出现风雹、雷雨天气，涪陵极大风速15 m/s，黔江冰雹最大直径达3 cm，局部地区雨量达暴雨。

据区、县气象部门上报的灾情统计，此次过程造成涪陵、酉阳、黔江、武隆、彭水、秀山等地受灾，受灾人口达19.2万人，转移安置1298人，农作物受灾面积2万 hm^2、绝收面积819 hm^2，房屋损坏29151间、倒塌137间，公路受损279 km，直接经济损失3535万元。

4.4.3 8月22日强对流天气

2009年8月22日下午至夜间，重庆市部分地区出现大风、短时强降雨天气，黔江城区风速达18.6 m/s，局部地区伴有冰雹。

据区、县气象部门上报的灾情统计，此次过程造成涪陵、巫溪、巫山、黔江等地受灾，受灾人口达9.5万人，农作物受灾面积4267 hm^2、绝收面积2120 hm^2，房屋损坏2865间、倒塌225间，公路受损38 km，直接经济损失3764.9万元。

4.4.4 8月26日局地风雹

2009年8月26日下午至夜间，重庆市局部地区出现大风、冰雹天气。

据区、县气象部门上报的灾情统计，此次过程造成南川、万州、巫溪等地受灾，受灾人口达15.3万人，农作物受灾面积5461 hm^2、绝收面积444 hm^2，房屋损坏1737间、倒塌246间，直接经济损失3680万元。

4.5 其他灾害

4.5.1 病虫害

2009年4月至5月中旬，重庆市巫溪、巫山、城口因连续的高温高湿天气，导致田间空气湿度和土壤湿度偏高，部分乡镇马铃薯晚疫病大面积流行成灾。

2009年7月下旬至8月下旬，丰都县出现了病虫害，造成大面积农作物受灾。

4.5.2 连阴雨

2009年3月25日至5月15日，黔江因连阴雨天气造成农作物受灾。

4.5.3 雪灾

2009年3月11日，万州发生雪灾，造成人员饮水困难、农作物受灾、房屋倒塌。

第5章　2010年气候概况及气象灾害

5.1　概述

5.1.1　2010年重庆市气候概况

2010年，重庆市年平均气温17.7℃，较常年偏高0.3℃，是近10年（2001—2010年）第二低值。重庆市平均年总降水量1035.2 mm，较常年偏少1成，是近10年第四低值。年内主要异常天气气候事件有暖冬、冬春连旱、春季至初夏两段低温、初夏大风、夏季暴雨洪涝、夏季阶段性连晴高温、秋季连阴雨、秋末强降温等。

重庆市年平均气温空间分布情况为：城口、酉阳分别为14.2℃、15.4℃，其余地区16.1～19.1℃（图5.1.1）；沿江地区普遍超过18.0℃，其中綦江19.1℃为重

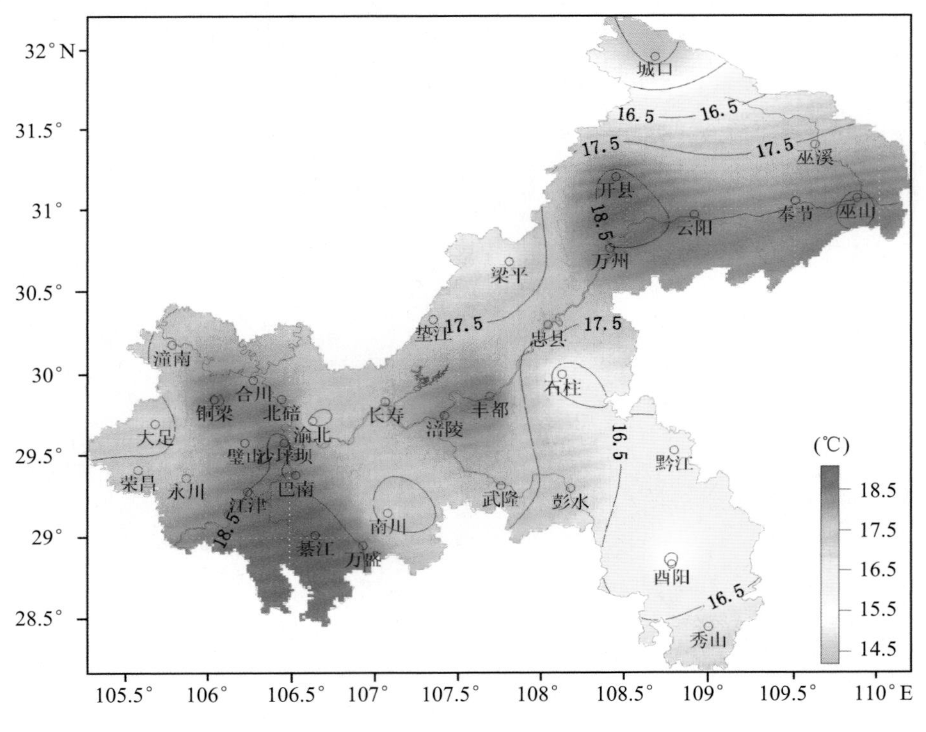

图5.1.1　重庆市2010年平均气温（℃）分布

庆市最高值。与常年相比，云阳、忠县、彭水、石柱等地偏低0.1～0.3℃，其余大部地区偏高0.1～0.8℃（图5.1.2）。

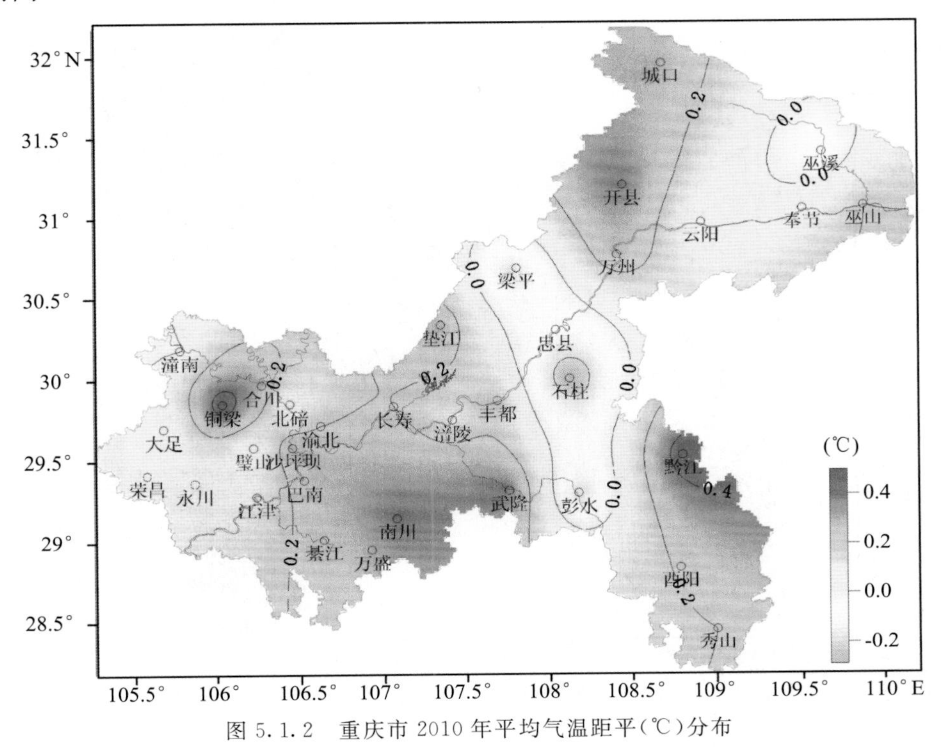

图5.1.2　重庆市2010年平均气温距平(℃)分布

2010年10、12月重庆市平均气温接近常年；4—6月气温偏低0.6～1.7℃；其余月份气温偏高0.6～1.4℃（图5.1.3）。

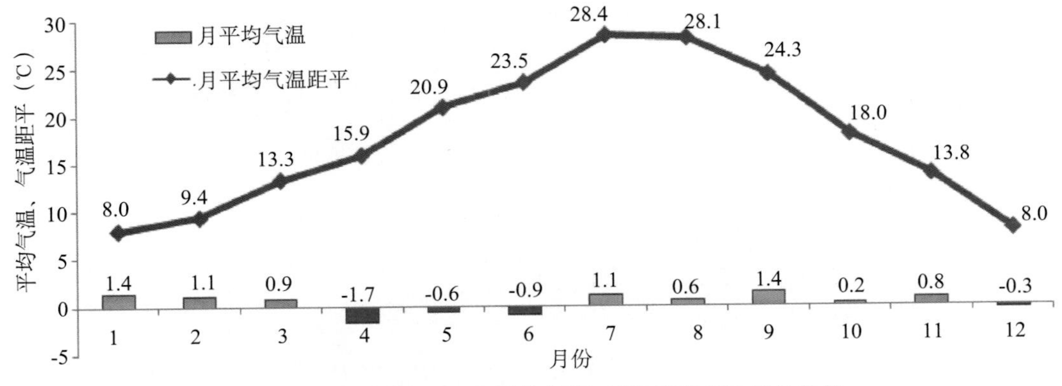

图5.1.3　重庆市2010年平均气温、气温距平(℃)逐月变化

重庆市各地年降水量778.0～1661.2mm（图5.1.4）。降水最多的东南部超过1300 mm，其中秀山站最多，达1661.2 mm；丰都、长寿、奉节、巫山、北碚等地不足900 mm，相对较少；与常年相比，云阳、万州、北碚、南川、奉节、丰都、长寿等地偏少2～3成，秀山偏多2成，其余地区接近常年（图5.1.5）；长寿年降水量(863.8 mm)为

历史第三低值，南川(918.6 mm)、丰都(778.0 mm)为历史第四低值。

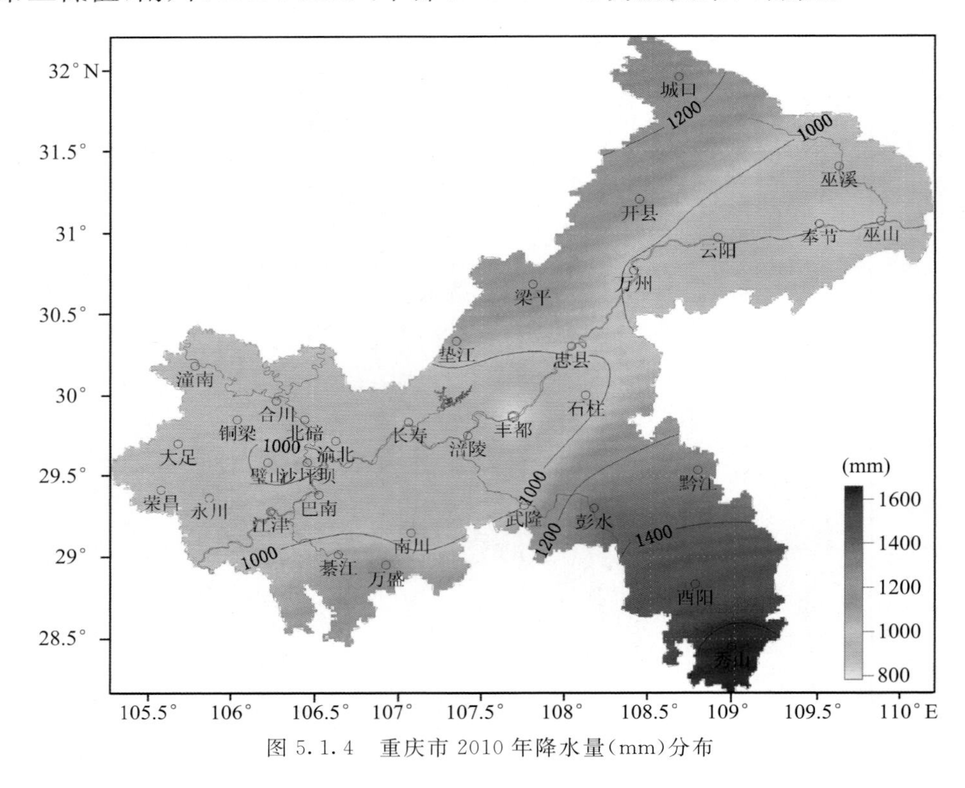

图 5.1.4　重庆市 2010 年降水量(mm)分布

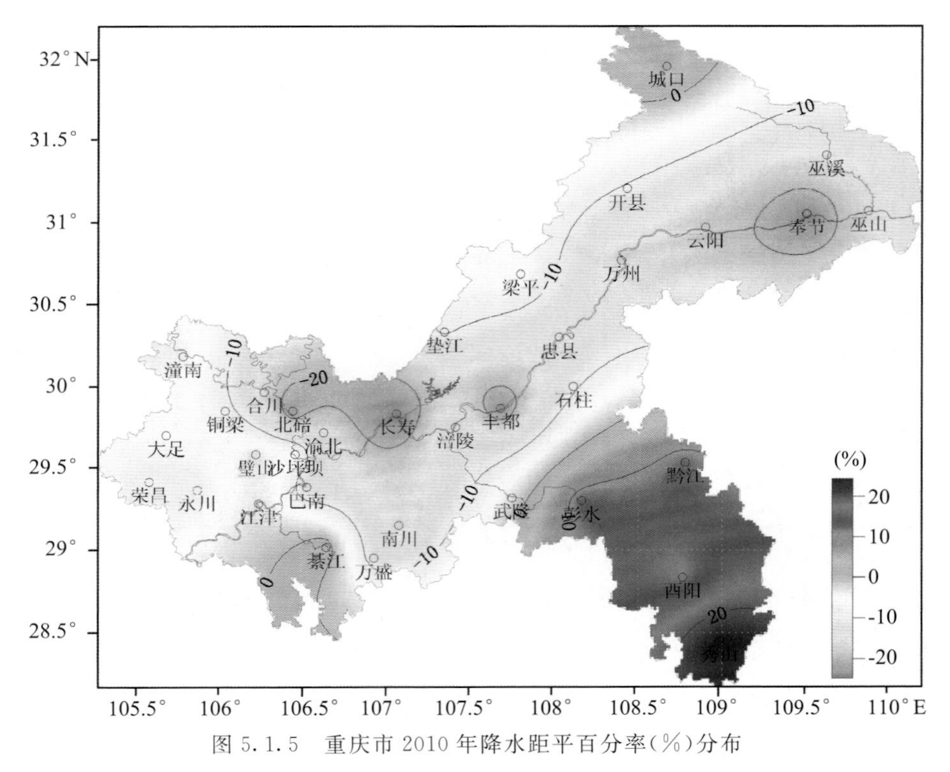

图 5.1.5　重庆市 2010 年降水距平百分率(%)分布

重庆市各月降水：1月、2月、6月、9月、10月较常年偏少2～6成，3月偏多4成，其余月份接近常年(图5.1.6)。

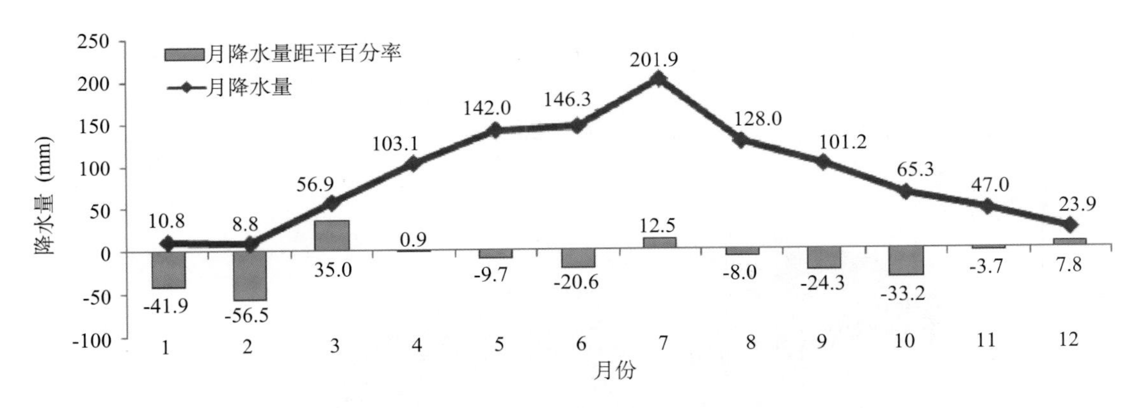

图5.1.6　重庆市2010年降水量(mm)逐月变化

5.1.2　2010年重庆市气象灾害简况

2010年重庆市发生的气象灾害主要有暴雨洪涝、大风冰雹、干旱，此外局部地区还出现了滑坡、雷电、雪灾、森林火灾等灾害(图5.1.7)。因年内暴雨、强降水、

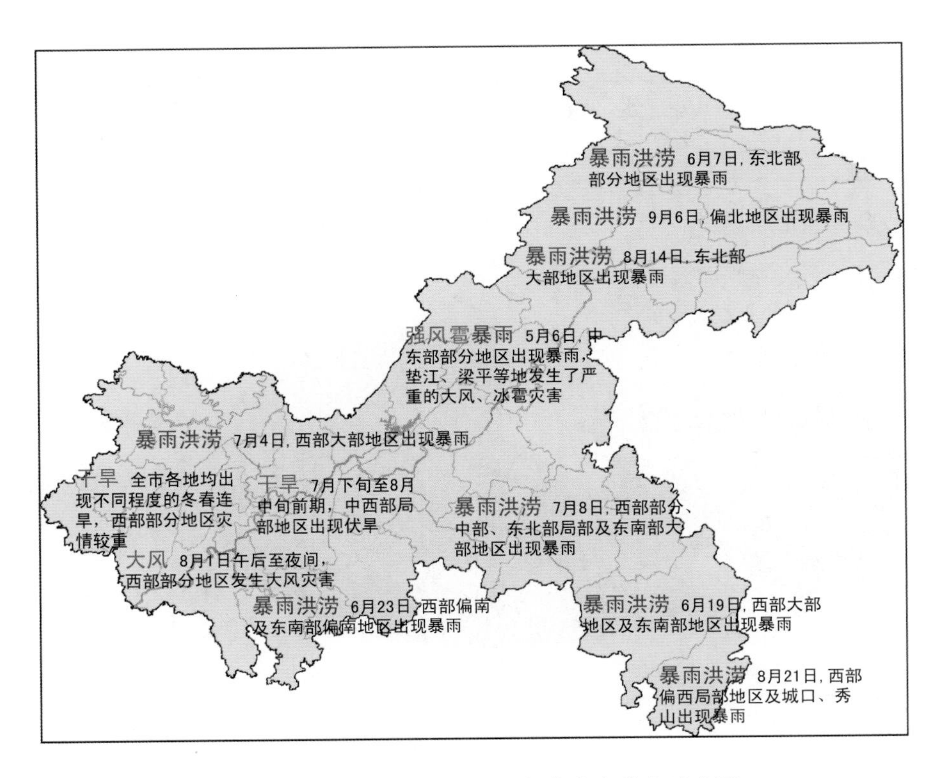

图5.1.7　2010年重庆市主要气象灾害分布示意图

强对流天气过程发生频繁，故 2010 年重庆市的暴雨洪涝灾害造成的灾情严重，大风冰雹其次，干旱灾情较轻(图 5.1.8，图 5.1.9)。与 2000 年以来相比，2010 年重庆市的气象灾害属中等偏重程度，比 2009 年重，次于 2006、2007 年。

据统计，全年因灾造成 1182.7 万人受灾，其中死亡 114 人、失踪 12 人，农作物受灾面积 57.5 万 hm^2、绝收面积 4.9 万 hm^2，直接经济损失 68.3 亿元。

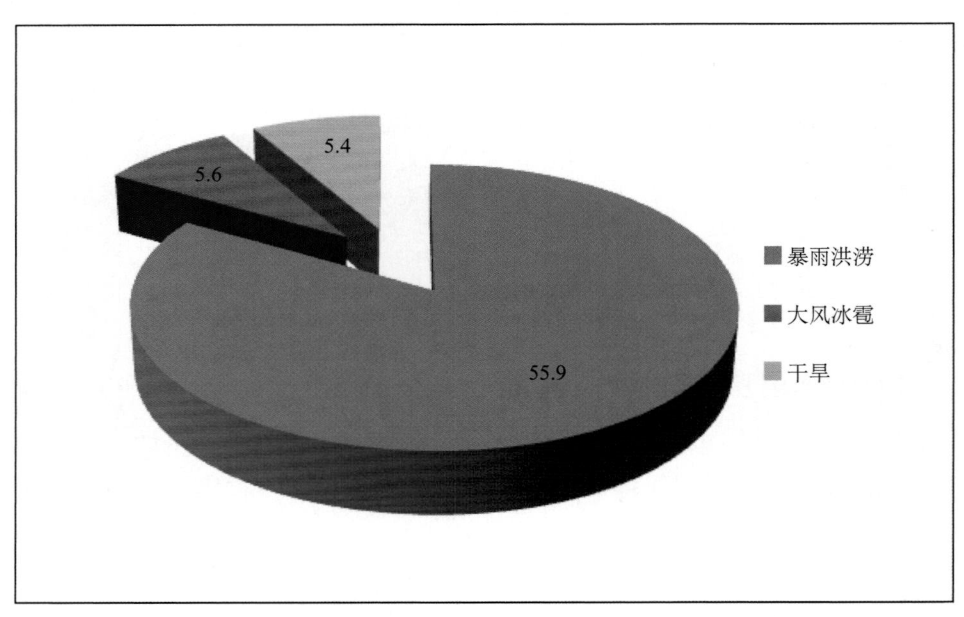

图 5.1.8　重庆市 2010 年主要气象灾害直接经济损失示意图(单位:亿元)

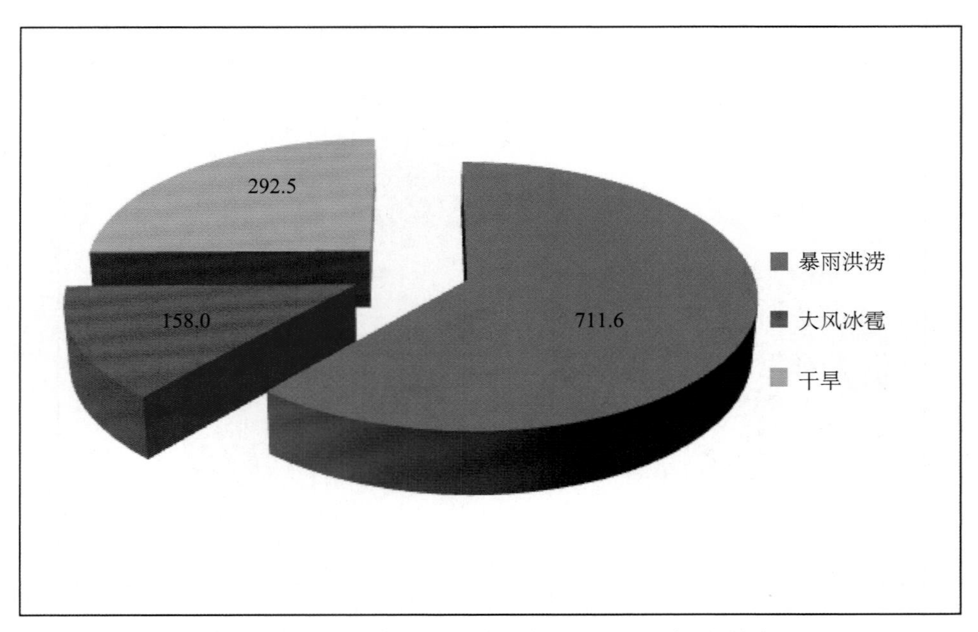

图 5.1.9　重庆市 2010 年主要气象灾害受灾人口示意图(单位:万人)

5.2 暴雨洪涝

2010 年，重庆市暴雨、强降水、强对流天气过程发生频繁，先后出现了 5 月 6 日、6 月 7 日、6 月 19 日、6 月 23 日、7 月 4 日、7 月 8 日、8 月 14 日、8 月 21 日、9 月 6 日等 9 次区域暴雨天气过程，以及 7 月 17 日、9 月 9 日等局地暴雨。其中 7 月 8 日区域暴雨为年内重庆市最强的暴雨天气过程，而 7 月 17 日局地暴雨天气范围虽小但强度大、持续时间长，且因四川境内发生连续强降水导致重庆市多个流域水位明显上涨，造成部分区县遭受严重的过境洪水。此外局地的强降水天气还引发了山洪、过境洪峰、山体滑坡等次生灾害。

暴雨洪涝灾害共造成 711.6 万人受灾，其中死亡 74 人，农作物受灾面积 32.1 万 hm^2、绝收面积 2.8 万 hm^2，房屋损坏 12.3 万间、倒塌 3.9 万间，直接经济损失 55.9 亿元。

5.2.1 5 月 6 日暴雨

2010 年 5 月 5 日夜间至 6 日夜间，重庆市出现了该年首场区域暴雨天气过程，长寿、涪陵、丰都、梁平、忠县、武隆、酉阳、秀山达暴雨，垫江、彭水达大暴雨，中东部其余地区普降中到大雨，西部地区小到中雨，部分地区还出现了雷电、大风、

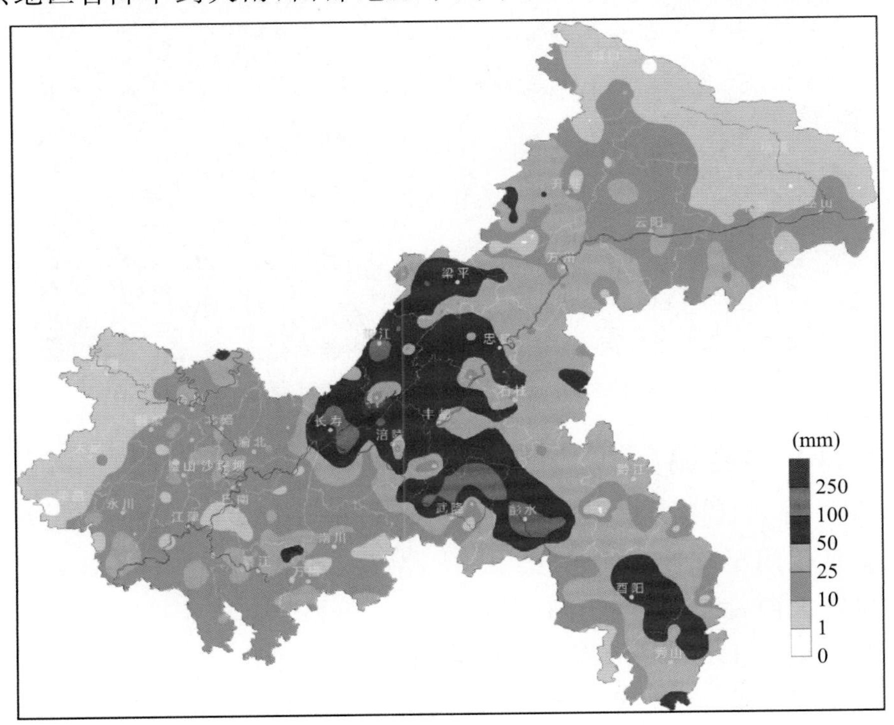

图 5.2.1 重庆市 2010 年 5 月 5 日 20 时—7 日 08 时雨量(mm)分布图

冰雹。

5 日 20 时至 7 日 08 时的累计雨量，忠县、酉阳、秀山、武隆、石柱、綦江、彭水、梁平、开县、涪陵、丰都、垫江、长寿、万州、合川等 15 个区、县的 139 个雨量站超过 50 mm，彭水、涪陵、武隆、长寿、垫江、酉阳、梁平等 7 个区、县的 25 个雨量站超过 100 mm，最大雨量出现在彭水县城(160.1 mm)(图 5.2.1)。小时最大雨量出现在长寿的狮子滩，6 日 12:00—13:00 达 57.4 mm；3 小时最大雨量出现在彭水县城，6 日02:00—05:00 达 115.6 mm。

据区、县气象部门上报的灾情统计，此次区域暴雨天气过程造成綦江、彭水(图 5.2.2)、涪陵、长寿、石柱、酉阳、丰都、万州、万盛等地受灾，受灾人口达 109.6 万人，其中死亡 5 人，转移安置 1.7 万人，农作物受灾面积 3.3 万 hm^2、绝收面积 2100 hm^2，房屋损坏 17126 间、倒塌 1734 间，直接经济损失 3.7 亿元。

图 5.2.2　2010 年 5 月 6 日重庆市彭水县暴雨(彭水县气象局提供)

5.2.2　6 月 7 日暴雨

2010 年 6 月 6 日夜间至 8 日白天，重庆市出现了一次暴雨天气过程，主要降雨时段为 6 日夜间至 7 日夜间，开县、云阳、巫溪、奉节、巫山、石柱达暴雨，中东部其余地区普降大雨，西部地区小到中雨。

6 日 20 时至 8 日 08 时的累计雨量，开县、云阳、巫溪、奉节、巫山、万州、石柱、永川、渝北、长寿、黔江、彭水、酉阳、秀山等 14 个区、县的 134 个雨量站超过 50 mm，云阳、巫溪、奉节、巫山等 4 个区、县的 11 个雨量站超过 100 mm，最大雨量出现在巫溪文峰(147.8 mm)(图 5.2.3)。小时最大雨量出现在石柱的沙子,7 日 23:00—8 日 00:00 达 29.9 mm;3 小时最大雨量出现在秀山的兰桥,8 日 00:00—03:00 达 52.2 mm。

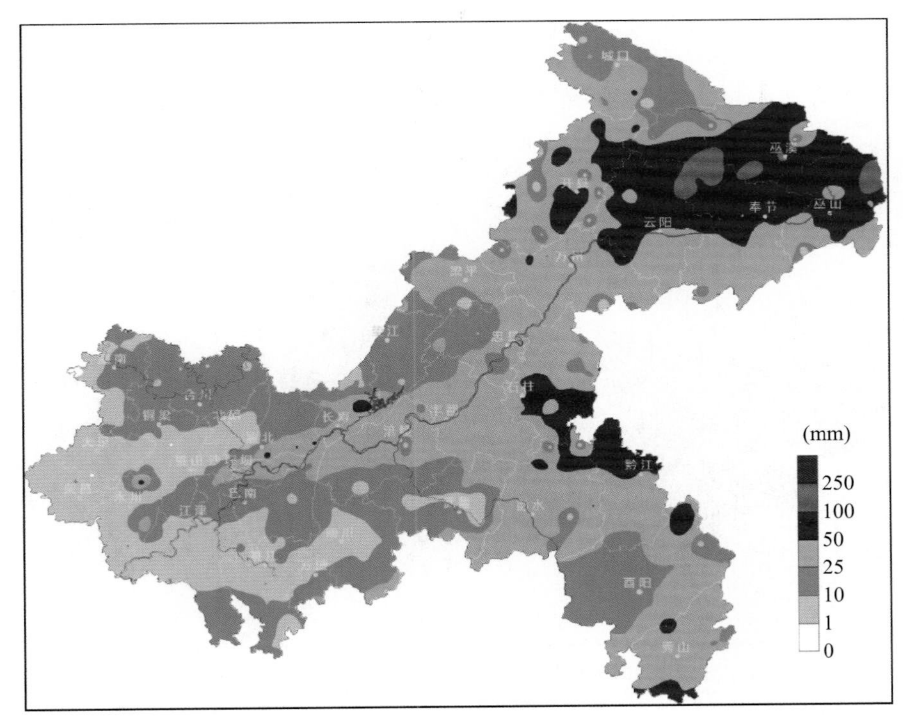

图 5.2.3　重庆市 2010 年 6 月 6 日 20 时—8 日 08 时雨量分布图

据区、县气象部门上报的灾情统计,此次过程造成云阳、巫溪、万州、黔江、秀山等地受灾,受灾人口达 14.2 万人,其中死亡 3 人、受伤 3 人,转移安置 88 人,农作物受灾 1.4 万 hm^2,房屋损坏 145 间、倒塌 210 间,公路受损 211 km,直接经济损失 8122 万元。

5.2.3　6 月 19 日暴雨

2010 年 6 月 18 日夜间至 19 日夜间,重庆市出现了今年入汛以来最强的一次区域暴雨天气过程,中西部偏南及东南部地区普降大雨到暴雨,局部达大暴雨,中西部偏北及东北部部分地区小到中雨。过程主要降雨时段在 18 日夜间至 19 日白天,大足、沙坪坝、荣昌、永川、璧山、江津、巴南、綦江、万盛、彭水、酉阳、秀山、武隆、铜梁、黔江、南川等 16 个区、县出现了暴雨,19 日夜间强降水基本结束,仅偏南部分地区降了小雨。

18 日 20 时至 20 日 08 时的过程累计雨量,重庆市 19 个区县的 263 个雨量站超过 50 mm,12 个区、县的 52 个雨量站超过 100 mm,最大雨量出现在酉阳清泉

(164.3 mm)(图 5.2.4)。小时最大雨量出现在酉阳的清泉,19 日 07:00—08:00 达 73.1 mm;3 小时最大雨量也出现在酉阳的清泉,19 日 06:00—09:00 达 110.9 mm。

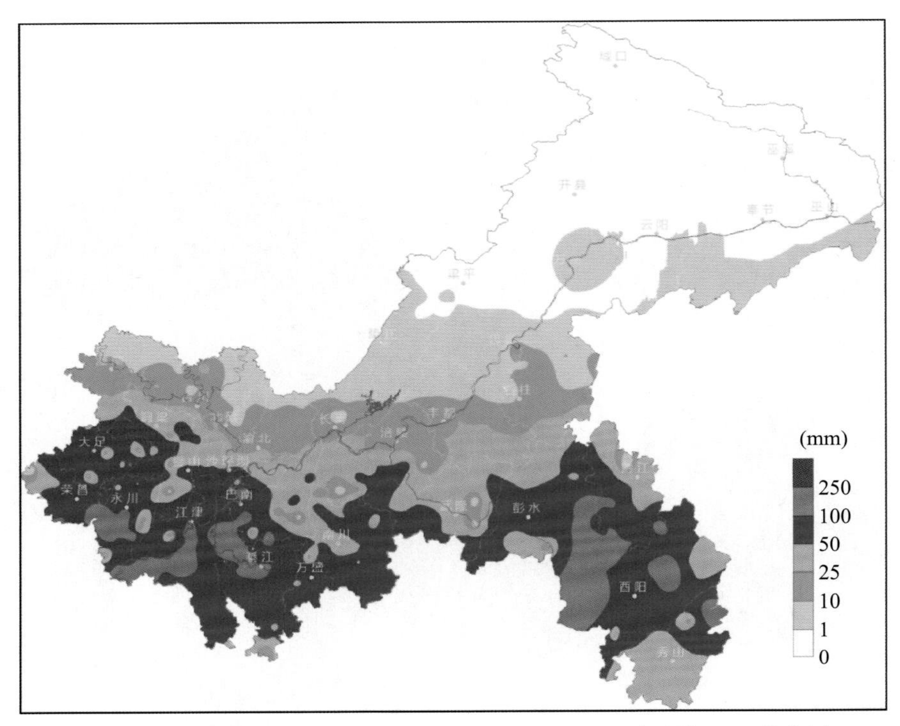

图 5.2.4　重庆市 2010 年 6 月 18 日 20 时—20 日 08 时雨量(mm)分布图

图 5.2.5　2010 年 6 月 19 日重庆市酉阳县暴雨(酉阳县气象局提供)

据区、县气象部门上报的灾情统计，此次过程造成大足、永川、巴南、荣昌、江津、万盛、綦江、涪陵、南川、彭水、酉阳(图 5.2.5)等地受灾，受灾人口达 56.0 万人，其中死亡 2 人、失踪 1 人、受伤 3 人，转移安置 7393 人，农作物受灾面积 3.3 万 hm^2、绝收面积 1543.7 hm^2，房屋损坏 2877 间、倒塌 1688 间，公路受损 86.1 km，直接经济损失近 2.3 亿元。

5.2.4　6 月 23 日暴雨

2010 年 6 月 22 日夜间至 23 日夜间，重庆市再次出现了区域暴雨天气过程，中西部偏南地区及东南部偏南地区普降大雨到暴雨，万盛、江津、巴南、南川、綦江、酉阳、秀山达暴雨，局部达大暴雨，其余地区小到中雨。

22 日 20 时至 24 日 08 时的过程累计雨量，永川、万盛、江津、巴南、南川、彭水、綦江、酉阳、秀山等 9 个区、县的 102 个雨量站超过 50 mm，江津、南川、綦江、酉阳、秀山等 5 个区、县的 14 个雨量站超过 100 mm，最大雨量出现在江津永兴(152.0 mm)(图 5.2.6)。小时最大雨量出现在江津的永兴，23 日 08:00—09:00 达 46.1 mm；3 小时最大雨量也出现在江津的永兴，23 日 06:00—09:00 达 117.0 mm。

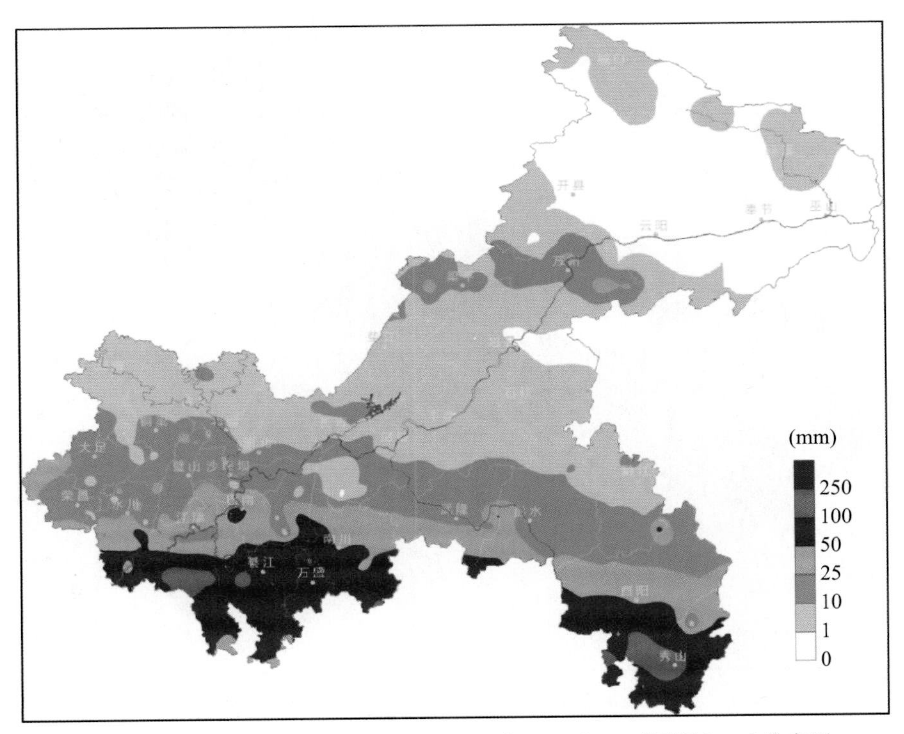

图 5.2.6　重庆市 2010 年 6 月 22 日 20 时—24 日 08 时雨量(mm)分布图

据区、县气象部门上报的灾情统计，此次过程造成巴南、永川、江津、万盛、酉阳、秀山等地受灾，受灾人口达 18.8 万人，其中死亡 7 人、失踪 1 人，转移安置

3307 人,农作物受灾面积 3.1 万 hm^2、绝收面积 811.8 hm^2,房屋损坏 1576 间、倒塌 939 间,公路受损 5.4 km,直接经济损失近 1.7 亿元。

5.2.5　7 月 4 日暴雨

2010 年 7 月 3 日夜间至 5 日白天,重庆市出现了区域暴雨天气过程。此次暴雨天气主要降水时段为 4 日白天至 5 日白天,主要影响地区为重庆市的中西部及东北部地区。此次暴雨天气雨量强度大,造成中西部及东北部普降大雨到暴雨,荣昌、永川、铜梁、璧山、沙坪坝、江津、长寿、垫江、石柱、忠县、涪陵达暴雨,潼南、合川、北碚、大足达大暴雨;东南部地区小到中雨,局地大雨。

3 日 20 时至 5 日 20 时的过程累计雨量,重庆市 28 个区县的 329 个雨量站超过 50 mm,19 个区县的 105 个雨量站超过 100 mm,1 个雨量站超过 250 mm,最大雨量出现在合川燕窝(264.7 mm)(图 5.2.7)。小时最大雨量出现在沙坪坝的回龙坝,4 日 16:00—17:00 达 83.5 mm;3 小时最大雨量出现在潼南的米心,4 日 20:00—23:00 达 100.8 mm。

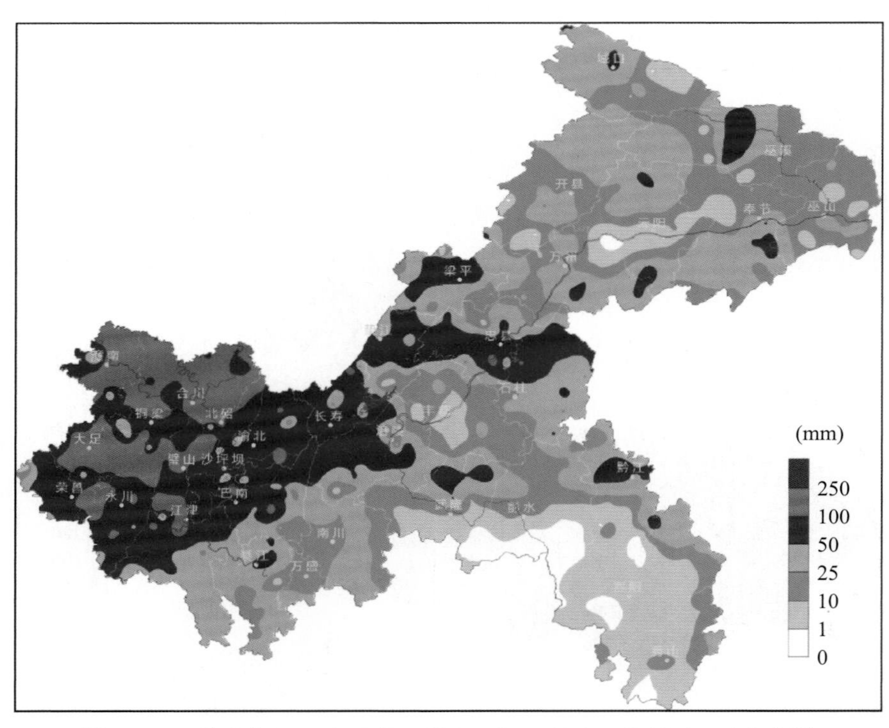

图 5.2.7　重庆市 2010 年 7 月 3 日 20 时—5 日 20 时雨量(mm)分布图

据区、县气象部门上报的灾情统计,此次过程造成铜梁、潼南、荣昌、永川、璧山(图 5.2.8)、大足、合川、江津、沙坪坝、巴南、渝北、北碚、长寿、涪陵、万州、奉节、忠县、巫溪、石柱(图 5.2.9)、黔江等地受灾,受灾人口达 79.0 万人,其中死亡 1

人、失踪 1 人、受伤 5 人，转移安置 1.6 万人，农作物受灾面积 3.3 万 hm^2、绝收面积 2903.0 hm^2，房屋损坏 6510 间、倒塌 3988 间，公路受损 335.2 km，直接经济损失近 3.8 亿元。

图 5.2.8　2010 年 7 月 5 日重庆市璧山县暴雨(璧山县气象局提供)

图 5.2.9　2010 年 7 月 4 日重庆市石柱县暴雨引发山体滑坡(石柱县气象局提供)

5.2.6　7月8日暴雨

2010年7月8日白天至10日夜间,重庆市出现了当年最强的暴雨天气,强降水主要分布在中西部、东南部及东北部的部分地区,大足、潼南、永川、铜梁、荣昌、北碚、江津、万盛、巴南、南川、涪陵、丰都、垫江、梁平、忠县、石柱等16个区、县达暴雨,彭水、黔江、酉阳、渝北、武隆等5个区、县达大暴雨。

此次暴雨天气过程具有强度大、范围广、持续时间长、灾害损失重的特点。过程主要降水时段为8日夜间至9日白天,出现了准东西向的雨带,分布在重庆市的东南部及中西部偏南地区。9日夜间至10日白天另有一段降雨较强的时段,出现了准东北—西南走向的雨带,主要分布在重庆市偏西地区及东北部部分地区。

8日08时至11日08时的过程累计雨量,重庆市31个区县的382个雨量站超过50 mm,20个区县的120个雨量站超过100 mm,3个雨量站超过250 mm,分别为彭水桑柘267.3mm、彭水善感262.7mm、酉阳花田258.6 mm(图5.2.10)。小时最大雨量出现在酉阳的大溪,9日03:00—04:00达102.9 mm;3小时最大雨量出现在酉阳的后溪,9日04:00—07:00达167.6 mm。

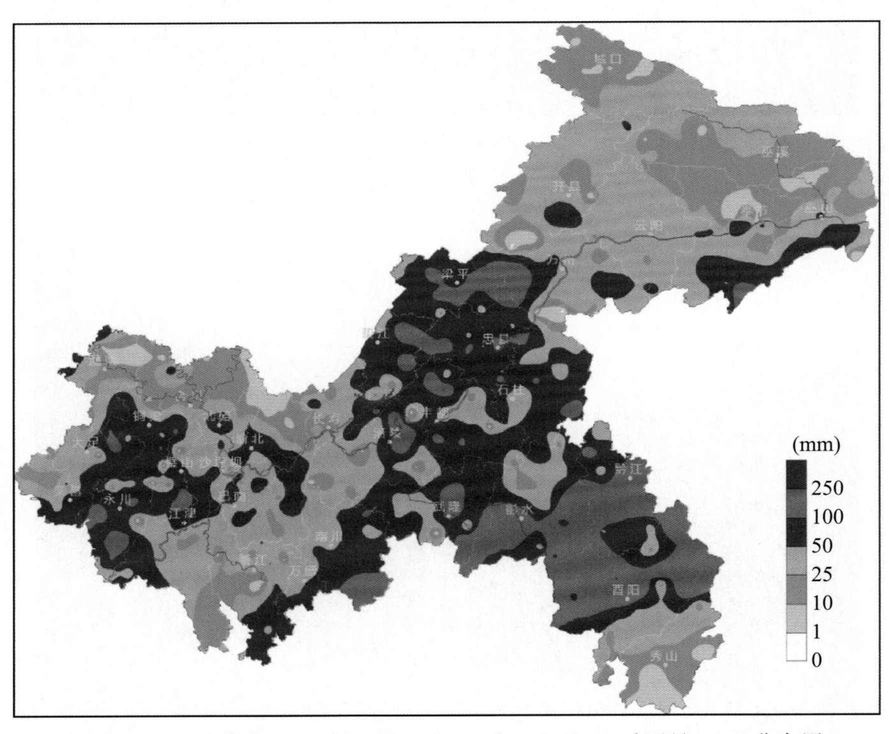

图5.2.10　重庆市2010年7月8日08时—11日08时雨量(mm)分布图

据区、县气象部门上报的灾情统计,此次过程造成荣昌、永川、大足、渝北、万盛、綦江、涪陵、丰都、梁平、奉节、忠县、万州、巫山、彭水、石柱、黔江、酉阳(图

5.2.11，图 5.2.12）等地受灾，受灾人口达 132.5 万人，其中死亡 15 人、失踪 2 人、受伤 164 人、饮水困难 22.5 万人，转移安置 9.0 万人，农作物受灾面积 7.3 万 hm^2、绝收面积 9997.1 hm^2，房屋损坏 18215 间、倒塌 5706 间，公路受损 2552.1 km，直接经济损失 10.4 亿元。

图 5.2.11　2010 年 7 月 8 日重庆市酉阳县暴雨（酉阳县气象局提供）

图 5.2.12　2010 年 7 月 8 日重庆市酉阳县暴雨（酉阳县气象局提供）

5.2.7 8月14日暴雨

2010年8月14日白天至15日夜间，重庆市再次出现了区域暴雨天气过程，主要降水时段为14日午后至15日夜间，强降水主要分布在东北部及中部偏北地区，开县、巫溪、奉节、巫山、垫江、忠县、石柱、万盛、长寿9个区、县出现了暴雨，梁平、万州、云阳3个区、县达大暴雨。

14日08时至16日08时的过程累计雨量，重庆市23个区、县的285个雨量站超过50 mm，9个区、县的73个雨量站超过100 mm，最大雨量出现在云阳双土(150.2 mm)(图5.2.13)。小时最大雨量出现在万盛的石林，14日18:00—19:00达79.1 mm；3小时最大雨量也出现在万盛的石林，14日18:00—21:00达88.5 mm。

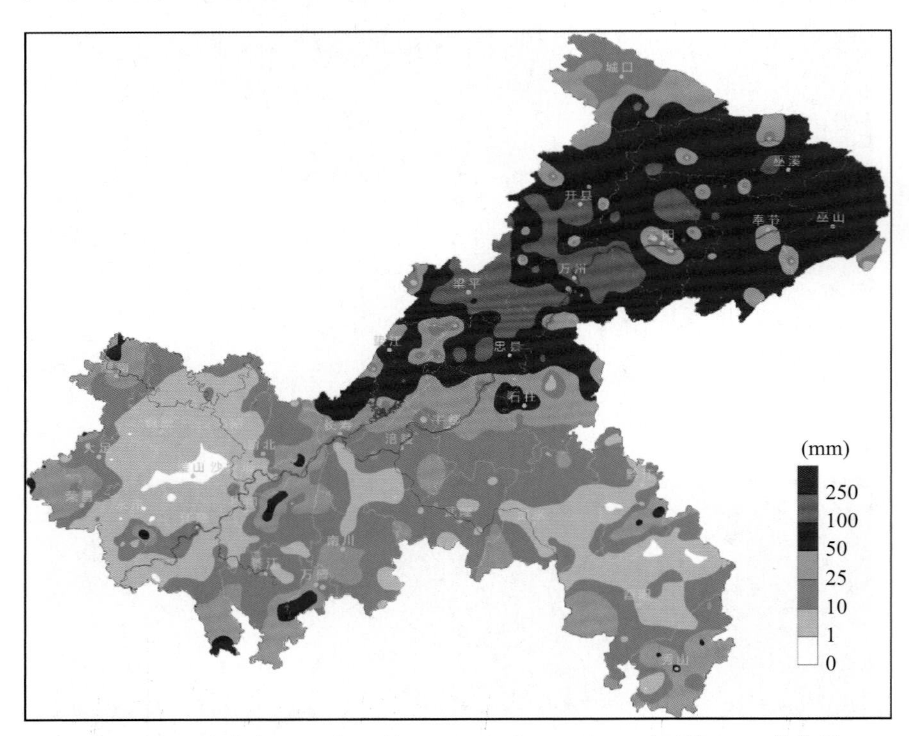

图5.2.13 重庆市2010年8月14日08时—16日08时雨量(mm)分布图

据区、县气象部门上报的灾情统计，此次过程造成万州、忠县、巫溪、开县等地受灾，受灾人口达2.7万人，转移安置8265人，农作物受灾面积1.1万 hm^2、绝收面积614 hm^2，房屋损坏4112间、倒塌541间，公路受损45 km，直接经济损失3383万元。

5.2.8 8月21日暴雨

2010年8月21日白天至22日夜间，重庆市出现了区域暴雨天气过程，主要降水时段为21日夜间至22日夜间，强降水主要分布在西部偏西、东北部偏北及东南部偏南地区，城口、潼南、大足、荣昌、永川、江津、秀山 7 个区、县出现了暴雨。

21 日 08 时至 23 日 08 时的过程累计雨量，重庆市 15 个区、县的 132 个雨量站超过 50 mm，6 个区、县的 22 个雨量站超过 100 mm，最大雨量出现在秀山大溪（229.5 mm）（图 5.2.14）。小时最大雨量出现在秀山的大溪，23 日 01:00—02:00达90 mm；3 小时最大雨量也出现在秀山的大溪，22 日 23:00—23 日02:00 达 148 mm。

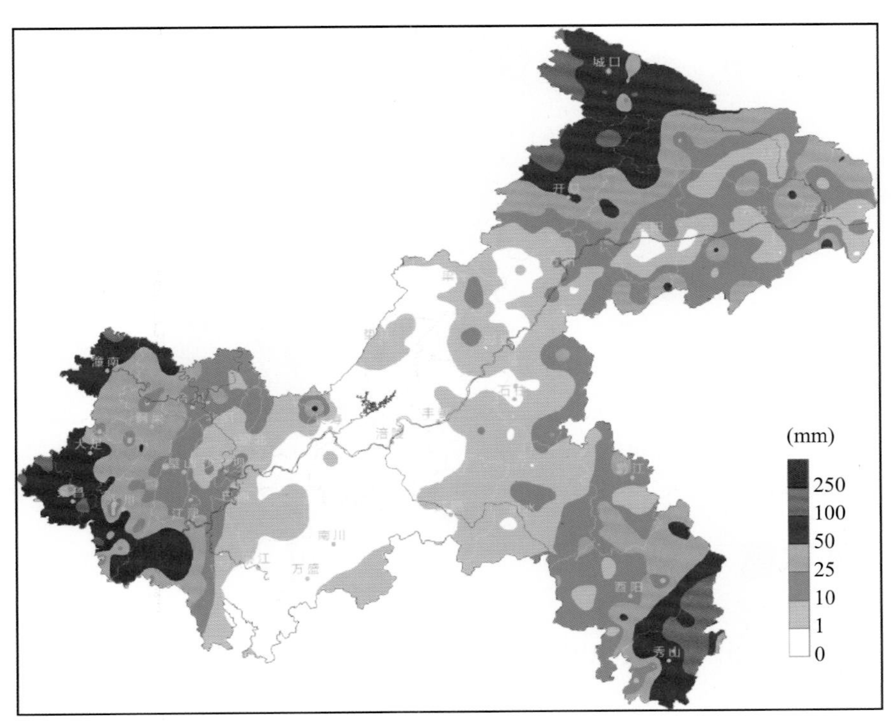

图 5.2.14　重庆市 2010 年 8 月 21 日 08 时—23 日 08 时雨量(mm)分布图

5.2.9　9 月 6 日暴雨

2010 年 9 月 5 日白天至 7 日上午，重庆市出现了区域暴雨天气过程，主要降水时段为 5 日夜间至 6 日夜间，强降水主要分布在长江沿线以北地区，潼南、北碚、合川、渝北、长寿、垫江、开县、云阳、巫溪、梁平、万州、忠县等 12 个区、县达暴雨；长江以南地区普遍小到中雨，局部大雨。

5 日 08 时至 7 日 14 时的累计雨量，重庆市 19 个区、县的 241 个雨量站超过 50 mm，6 个区、县的 7 个雨量站超过 100 mm，最大雨量出现在垫江砚台（145.2 mm）（图 5.2.15）。小时最大雨量出现在渝北的高嘴，6 日 03:00—04:00 达 23.7 mm；3 小时最大雨量也出现在渝北的高嘴，6 日 04:00—06:00 达 62.0 mm。

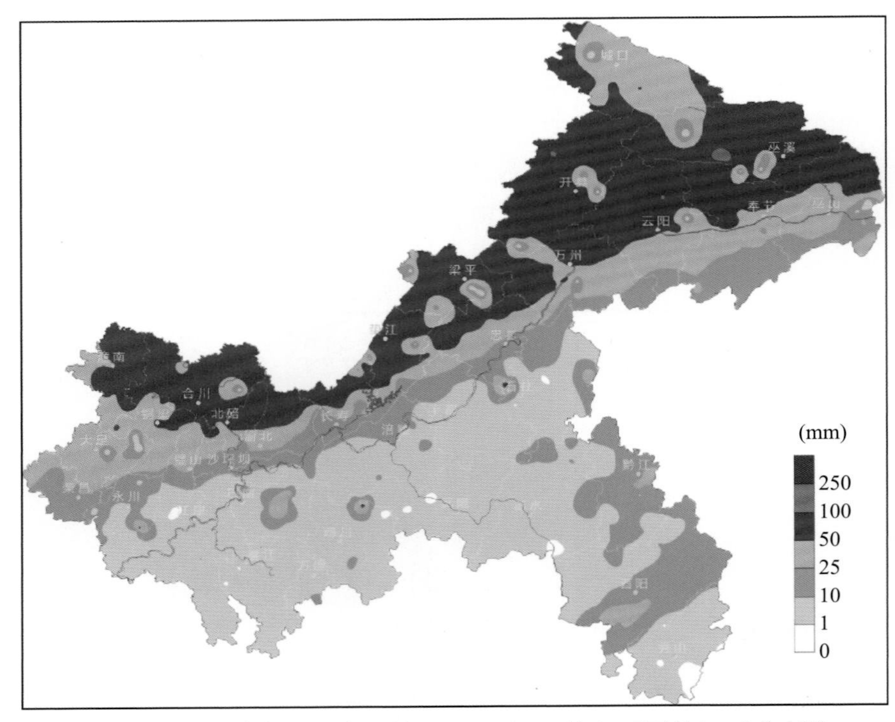

图 5.2.15　重庆市 2010 年 9 月 5 日 08 时—7 日 14 时雨量(mm)分布图

5.3　大风冰雹

2010 年重庆市出现的大风冰雹天气虽然次数不多，但造成的灾情较重，其中 5 月 6 日强风雹暴雨天气因大风、冰雹、暴雨等强对流天气造成了严重的人员伤亡，此外，8 月 1 日大风天气也造成西部大部地区出现了灾情，4 月 30 日、6 月 22 日、8 月 5 日和 8 月 14 日局部地区还出现了大风、冰雹。

全年风雹灾害造成 158.0 万人受灾，其中死亡 37 人，农作物受灾面积 7.5 万 hm^2、绝收面积 1.2 万 hm^2，房屋损坏 4.8 万间、倒塌 1.0 万间，直接经济损失 5.6 亿元。

5.3.1　5 月 6 日强风雹天气

2010 年 5 月 6 日凌晨，重庆市垫江、梁平、黔江等区县发生大风冰雹灾害，个别乡镇出现 11 级(风速 28.5～32.6 m/s)大风。垫江县城、沙坪、长龙、澄溪、黄沙，梁平回龙、仁贤，出现了 7 级以上的大风；垫江沙坪(图 5.3.1)、梁平回龙

(图 5.3.2)分别于 6 日 01 时* 12 分和 01 时 23 分出现了瞬时最大风速达 11 级(分别为 31.2 m/s、30.0 m/s)的大风,为当地观测记录以来的最大值。

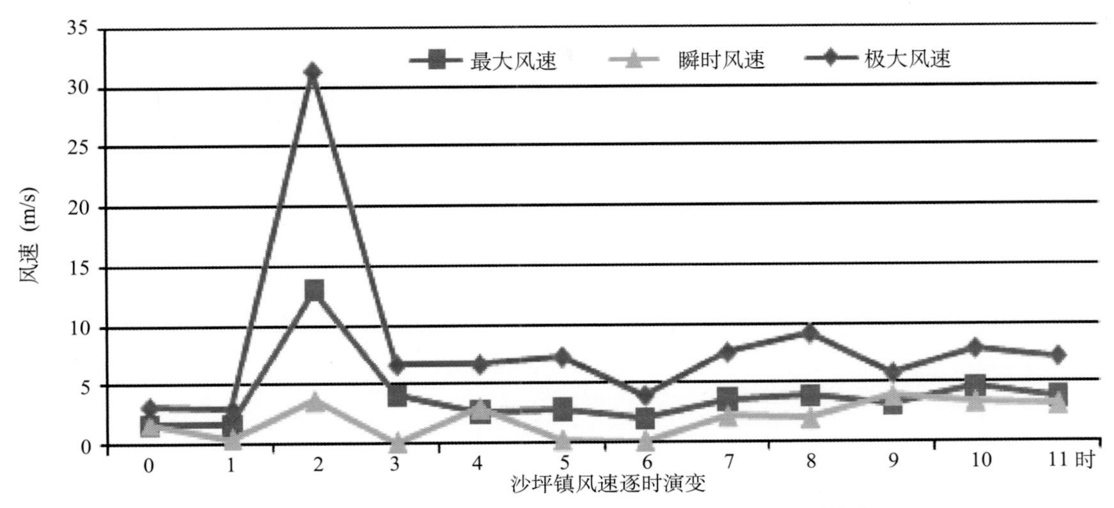

图 5.3.1　2010 年 5 月 6 日 00—11 时垫江沙坪风速逐时演变

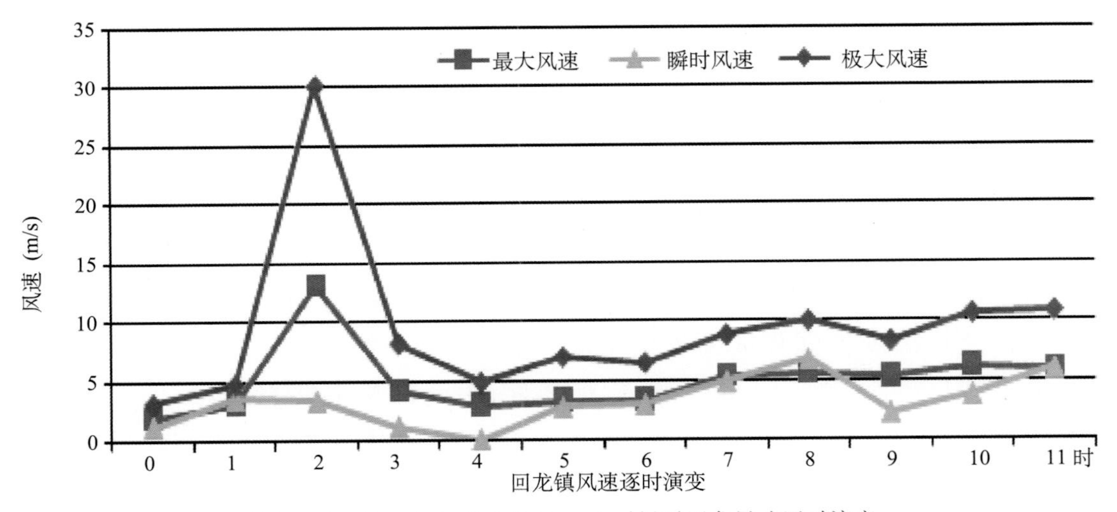

图 5.3.2　2010 年 5 月 6 日 00—11 时梁平回龙风速逐时演变

此次气象灾害,大风冰雹暴雨相伴出现,且大风发生在凌晨,毁坏房屋,倒折树木、中断交通,人员伤亡极其严重。就其综合影响看,是重庆市近 20 余年来最严重的风雹灾害,对垫江、梁平局部地区而言,为有气象记录以来最严重的风雹灾害。据区、县气象部门上报的灾情统计,共造成 62.3 万人受灾,其中死亡 27 人、

* 全书注明外,均为北京时。

受伤 262 人,转移安置 5.8 万人,农作物受灾面积 4.9 万 hm^2、绝收面积533 hm^2,房屋损坏 74500 间、倒塌 2990 间,造成直接经济损失 4.6 亿元。

5.3.2 8月1日大风天气

2010 年 8 月 1 日午后至夜间,重庆市偏西偏南地区出现雷雨大风天气,部分地区出现 7 级以上阵性大风,个别乡镇的最大风力甚至达到了 11～12 级。江津龙华 33.5 m/s,长寿但渡 31.8 m/s,江津西湖 30.5 m/s,璧山三合 30.3 m/s。

据区、县气象部门上报的灾情统计,此次过程造成沙坪坝、北碚、大足、璧山、长寿、江津、彭水等地受灾,受灾人口达 14.8 万人,其中死亡 2 人、受伤 5 人,转移安置 9267 人,农作物受灾面积 7601 hm^2、绝收面积 70 hm^2,房屋损坏 26424 间、倒塌 1479 间,直接经济损失 5916.2 万元。

5.4 干旱

2010 年重庆市的干旱灾害主要为冬春连旱,造成大部区县的人员饮水困难、农作物受旱严重。此外 7 月下旬至 8 月中旬的高温少雨天气,造成中西部局部地区出现伏旱。

干旱共造成 292.5 万人受灾,149.0 万人饮水困难,农作物受灾面积 17.6 万 hm^2、绝收面积 0.9 万 hm^2,直接经济损失 5.4 亿元。

5.4.1 冬春连旱

2010 年冬季至 3 月中旬(2009 年 12 月 1 日—2010 年 3 月 21 日),重庆市气温明显偏高,降水较常年同期显著偏少 3 成,其中 2 月降水量较常年同期显著偏少约 6 成,为 1951 年以来的第四低值。冬季整体呈现“干”“暖”的气候特点,重庆市各地均出现不同程度的气象干旱,东北部部分地区轻到中旱,其余地区达到重旱至特旱等级(图 5.4.1)。至 3 月 2 日,中西部旱情略有缓和,但东部旱情持续发展(图 5.4.2);至 3 月 9 日,受几次降水过程的影响,大部地区旱情得到缓解或解除,中东部地区轻到中旱(图 5.4.3);3 月 22—23 日,各地普降小到中雨,局部地区大雨,重庆市气象干旱得到缓解或解除(图 5.4.4);至 4 月 9 日,重庆市气象干旱彻底解除。此次干旱呈现发生较早、强度中等、持续时间较长的特点。

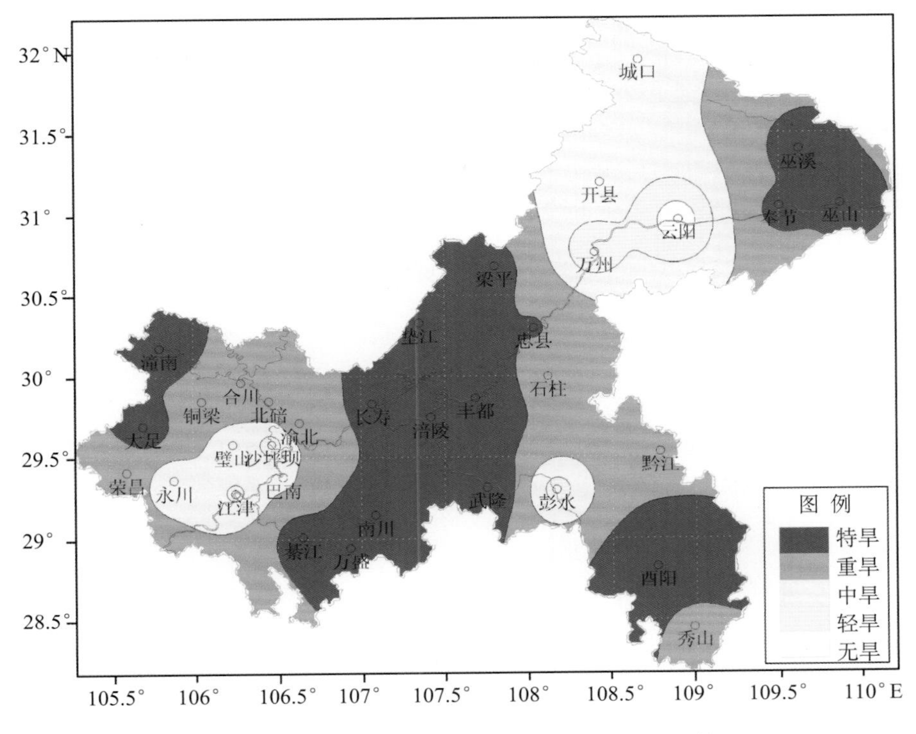

图 5.4.1　重庆市 2010 年 2 月 10 日 CI 干旱指数

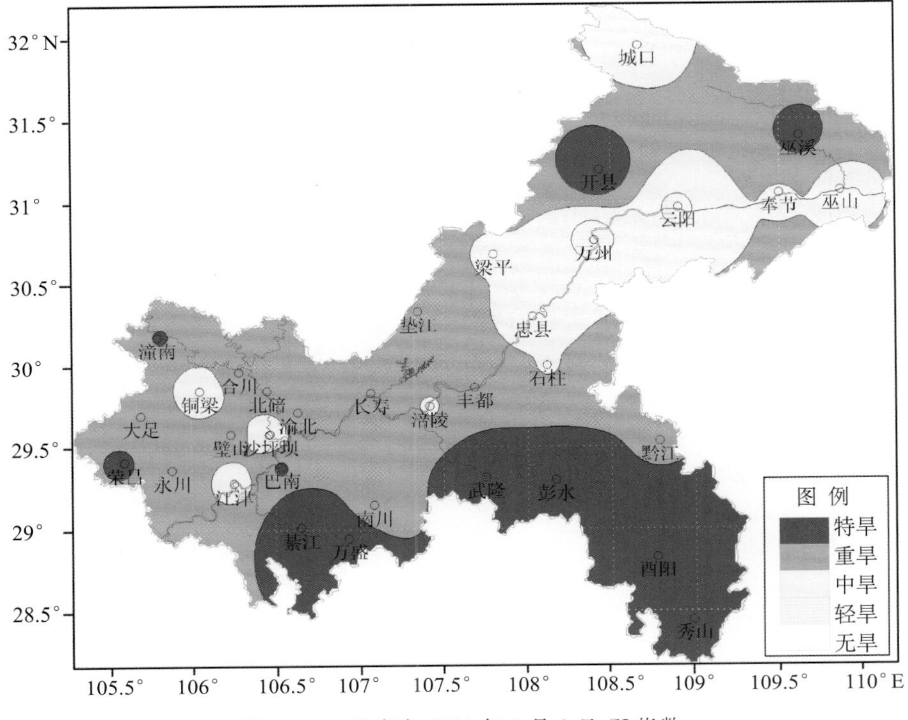

图 5.4.2　重庆市 2010 年 3 月 2 日 CI 指数

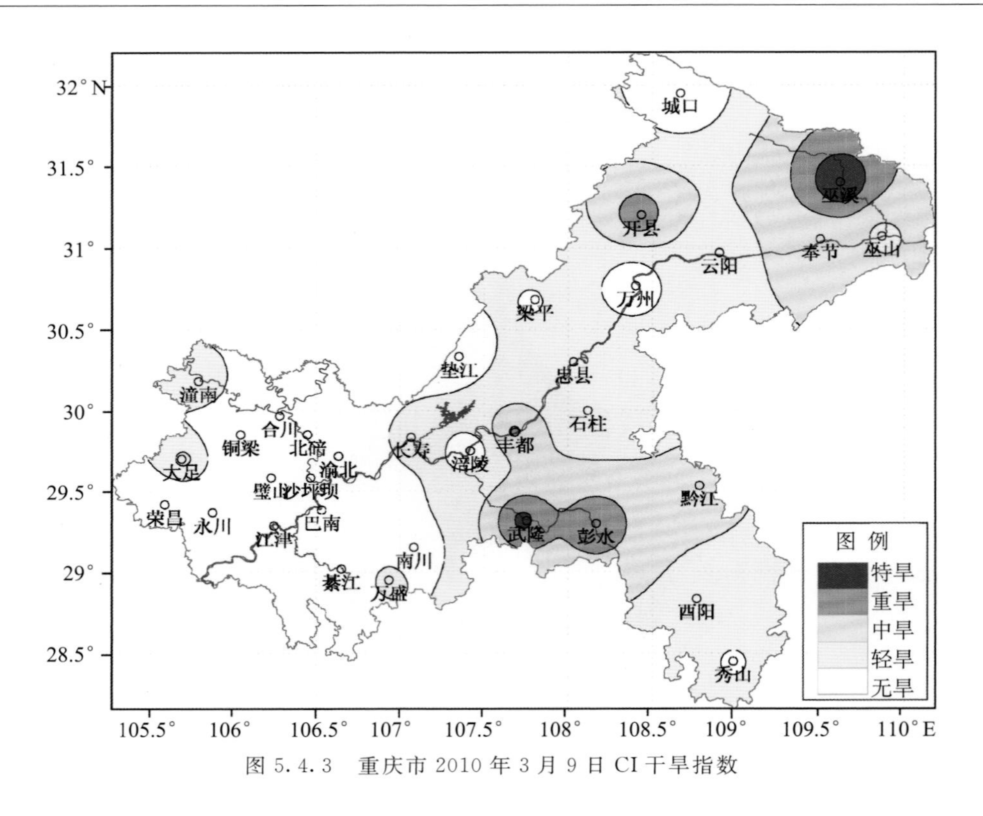

图 5.4.3　重庆市 2010 年 3 月 9 日 CI 干旱指数

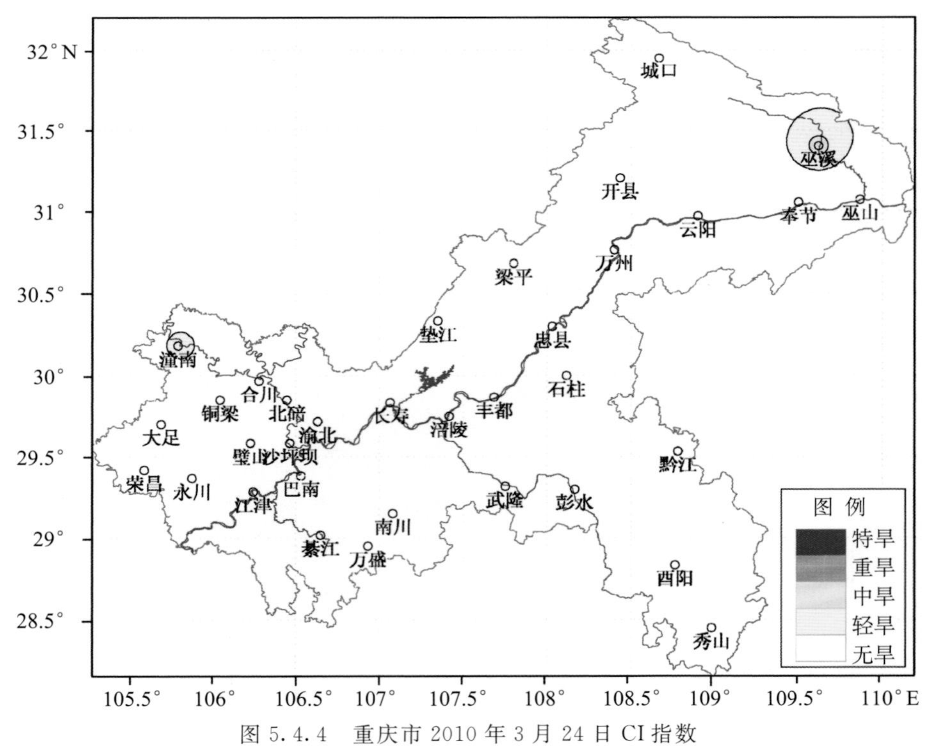

图 5.4.4　重庆市 2010 年 3 月 24 日 CI 指数

据区、县气象部门上报的灾情统计，此次冬春连旱造成荣昌、永川、沙坪坝、綦江、丰都、梁平、云阳、巫溪、彭水、黔江、酉阳（图 5.4.5）等地受灾，受灾人口达 93.9 万人，75.1 万人饮水困难，农作物受灾面积 8.7 万 hm^2、绝收面积 561 hm^2，直接经济损失 1.3 亿元。

图 5.4.5　2010 年 3 月重庆市酉阳县发生冬春连旱（酉阳县气象局提供）

5.4.2　伏旱

2010 年 7 月下旬至 8 月中旬前期，重庆市出现了一段连晴高温天气，造成中西部局部地区出现伏旱。

7 月 21 日—8 月 12 日，重庆市各地日极端最高气温 36.6～43.0℃，有 25 个区县超过 40℃。江津 8 月 11 日极端最高气温 43.0℃，为重庆市之最。云阳连续 3 日（8 月 10—12 日）最高气温超过 42℃，为历史首次。南川、垫江、梁平、万州、开县、巫溪、石柱等 7 个区、县日极端最高气温突破历史极值，其余 27 个区、县分别为历史同期第 2～10 高值（表 5.1）。

表 5.1　重庆市 2010 年 7 月 21 日—8 月 12 日极端最高气温历史位次统计

站名	2010 年(℃)	位次	站名	2010 年(℃)	位次	站名	2010 年(℃)	位次
南川	39.9	1	万盛	41.3	2	綦江	41.8	4
垫江	41.0	1	丰都	42.4	2	武隆	40.2	4
梁平	40.4	1	忠县	42.2	2	酉阳	36.6	4
万州	42.1	1	云阳	42.8	2	永川	39.8	5
开县	42.4	1	奉节	40.4	2	沙坪坝	40.6	5

续表

站名	2010年(℃)	位次	站名	2010年(℃)	位次	站名	2010年(℃)	位次
巫溪	41.8	1	黔江	38.5	2	城口	37.7	5
石柱	40.1	1	潼南	39.4	3	彭水	40.7	5
合川	41.4	2	北碚	41.4	3	涪陵	40.9	6
铜梁	41.3	2	璧山	40.3	3	秀山	38.5	6
大足	39.7	2	渝北	39.6	3	巫山	40.5	10
荣昌	40.6	2	长寿	40.5	3			
江津	43.0	2	巴南	41.5	3			

据区、县气象部门上报的灾情统计，伏旱造成沙坪坝、万盛、丰都、南川等地受灾，受灾人口达10.8万人，4.4万人饮水困难，农作物受灾面积3.1万 hm^2、绝收面积215 hm^2，直接经济损失3850万元。

5.5 其他灾害

5.5.1 滑坡

2010年6月8日，涪陵区江东街道由于前期连续多雨造成堤防工程料场导流洞上方山体垮塌，造成人员伤亡。

2010年6月12日，武隆县境内的国道319线K2155＋800 m处发生山石垮塌。

2010年9月5—9日，城口县因暴雨天气致使多处出现小型滑坡、泥石流等地质灾害。

2010年10月14日，云阳县红狮镇发生岩体塌方。

5.5.2 雪灾

2010年12月15日夜间至16日凌晨，万盛区出现降雪，雪灾造成农作物、林木受灾，4条公路中断，部分农用电力线路被压断，农村饮用水管受损22 km。

5.5.3 森林火灾

2010年3月21日，九龙坡区华岩镇西站村罗家湾发生森林火灾，未造成人员伤亡，初步统计整个火灾过火面积20 hm^2。

附　录

附录一　重庆市2006—2010年气象灾情统计表

附表1.1　2006年重庆市主要气象灾害情况统计表

灾害类型	农作物受灾情况（万 hm^2）		人口受灾情况			倒塌房屋（万间）	损坏房屋（万间）	直接经济损失（亿元）
	受灾面积	绝收面积	受灾（万人）	死亡（人）	饮水困难（万人）			
干旱	132.7	37.5	2100.0		820.4			90.7
暴雨洪涝	10.0	1.1	121.4	9		2.3	6.1	7.6
大风冰雹	2.0	0.2	40.3	1		3.0	8.4	2.1
低温冻害、雪灾	3.2	0.4	40.7			0.1		1.0

附表1.2　2007年重庆市主要气象灾害情况统计表

灾害类型	农作物受灾情况（万 hm^2）		人口受灾情况			房屋受灾情况（万间）		直接经济损失（亿元）
	受灾面积	绝收面积	受灾（万人）	死亡（人）	饮水困难（万人）	倒塌	损坏	
暴雨洪涝	52.0	7.4	1324.1	167				59.0
干旱	23.3	0.8	153.9		13.4			8.1
大风冰雹	10.8	1.3	337.2			2.0	3.2	7.3

附表1.3　2008年重庆市主要气象灾害情况统计表

灾害类型	农作物受灾情况（万 hm^2）		人口受灾情况			房屋受灾情况（万间）		直接经济损失（亿元）
	受灾面积	绝收面积	受灾（万人）	死亡（含失踪人口）（人）	饮水困难（万人）	倒塌	损坏	
低温冻害、雪灾	29.8	3.3	499.3	4		0.4	1.4	17.5
暴雨洪涝	9.2	0.9	518.3	31		1.2	2.6	10.0
大风冰雹	11.7	1.4	128.5	15		0.4	2.9	2.9

附表 1.4　2009 年重庆市主要气象灾害情况统计表

灾害类型	农作物受灾情况(万 hm^2)		人口受灾情况			倒塌房屋(万间)	损坏房屋(万间)	直接经济损失(亿元)
	受灾面积	绝收面积	受灾(万人)	死亡(人)	饮水困难(万人)			
暴雨洪涝	32.7	2.0	930.9	82		6.3	15.1	41.4
干旱	13.7	1.7	174.8		33.0			3.5
大风冰雹	2.1	0.2	78.7	5		0.4	1.9	3.2

附表 1.5　2010 年重庆市主要气象灾害情况统计表

灾害类型	农作物受灾情况(万 hm^2)		人口受灾情况			倒塌房屋(万间)	损坏房屋(万间)	直接经济损失(亿元)
	受灾面积	绝收面积	受灾(万人)	死亡(人)	饮水困难(万人)			
暴雨洪涝	32.1	2.8	711.6	74		3.9	12.3	55.9
大风冰雹	7.5	1.2	158.0	37		1.0	4.8	5.6
干旱	17.6	0.9	292.5		149.0			5.4

附录二　重庆市 2006—2010 年重大气象灾害过程统计表

附表 2.1　2006 年重庆市重大气象灾害过程统计表

过程名称	发生时间	发生地区	重灾地点
“4.11”强降温	4 月 11—13 日	重庆市 30 个区县	巫溪
“5.4”局地风雹	5 月 4 日下午	南川、武隆、彭水	彭水
“5.8—10”局地暴雨	5 月 8—10 日	丰都、巫山、黔江、酉阳、合川、璧山、垫江及綦江、江津、彭水的局部乡镇	綦江、江津
“5.24”区域暴雨	5 月 23 日夜间至 24 日白天	北碚、沙坪坝、长寿、涪陵、垫江、忠县、合川、渝北	渝北、北碚、合川
“6.27”大风	6 月 27 日凌晨 3—6 时	璧山、永川、江津、渝北	江津
“7.5—8”局地暴雨	7 月 5—8 日	丰都、忠县、奉节、巫山、石柱、酉阳、沙坪坝、江津、万盛、武隆、南川	石柱、丰都

附表 2.2　2007 年重庆市重大气象灾害过程统计表

过程名称	发生时间	发生地区	重灾地点
“4.1”风雹	4 月 1 日	武隆、万州、云阳、巫山、黔江	云阳、武隆
“4.17”风雹	4 月 16 日夜间至 17 日凌晨	合川、渝北、沙坪坝、巴南、北碚、垫江、南川、万盛、涪陵、丰都、忠县	合川、忠县
干旱	1—5 月	大足、荣昌、永川、沙坪坝、北碚、巴南	荣昌
“5.23”雷击	5 月 23 日	开县、梁平、石柱、永川	开县、梁平
“5.23”暴雨	5 月 23—24 日	垫江、涪陵、丰都、武隆、城口、石柱、彭水、秀山、万州	彭水、万州、丰都、石柱
“6.16”暴雨	6 月 16—19 日	铜梁、大足、合川、北碚、渝北、垫江、丰都、忠县、梁平、万州、云阳、开县、巫溪、城口、石柱、彭水	梁平、万州、开县、北碚、彭水、垫江

续表

过程名称	发生时间	发生地区	重灾地点
“7.8”暴雨	7月8—12日	荣昌、大足、铜梁、璧山、沙坪坝、綦江、万盛、南川、武隆、梁平、彭水、酉阳、秀山、黔江、永州	永川、万盛、黔江、秀山、綦江、江津
“7.17”特大暴雨	7月16—23日	潼南、铜梁、合川、大足、永川、江津、璧山、沙坪坝、北碚、渝北、巴南、长寿、城口、开县、秀山、荣昌、垫江、武隆、巫山、彭水、丰都、梁平	沙坪坝、璧山、铜梁、合川、北碚、大足、潼南、开县、长寿、荣昌、渝北、永川、巴南、垫江、武隆、巫山、彭水、丰都、梁平、江津
“7.28”暴雨	7月28—30日	渝北、巴南、江津、綦江、武隆、忠县、城口、巫山、巫溪、奉节、彭水、黔江、石柱	彭水、石柱、巫山、江津、奉节

附表2.3　2008年重庆市重大气象灾害过程统计表

过程名称	发生时间	发生地区	重灾地点
低温冻害、雪灾	1月11日—2月3日	重庆市32个区县	酉阳、荣昌、秀山、黔江、南川、万州、彭水、巫溪、云阳、合川、铜梁、江津、巫山、涪陵、奉节、忠县、丰都、永川、綦江、潼南、武隆、大足、城口、万盛、北碚、开县、梁平(共27个区县)
“4.8”局地风雹	4月8日凌晨	巫山、巫溪、云阳、奉节	巫山、巫溪、云阳
“6.5”风雹	6月5日午后至傍晚	长寿、垫江、丰都、涪陵、南川、彭水、黔江、云阳、石柱	垫江、长寿、黔江、石柱
“6.15”暴雨	6月14日夜间至16日白天	渝北、沙坪坝、璧山、巴南、江津、潼南、大足、荣昌、永川、万盛、铜梁、北碚、合川、南川、綦江	沙坪坝、大足、巴南
“7.11”强对流天气	7月11日午后至傍晚	南川、巫溪、彭水、永川、江津、綦江、荣昌、黔江	黔江、綦江
“7.22”暴雨	7月21日夜间至22日白天	垫江、渝北、长寿、南川、涪陵、武隆、云阳、巫溪、巫山、酉阳、秀山、奉节	巫溪、奉节、渝北、垫江、南川
“8.14”暴雨	8月14日至16日	云阳、垫江、梁平、忠县、丰都、武隆、黔江、彭水、酉阳	黔江、酉阳
“9.16—19”局地暴雨	9月16日至19日	彭水、江津、合川、城口、永川、开县、巫溪、云阳	彭水、巫溪、云阳

附表 2.4　2009 年重庆市重大气象灾害过程统计表

过程名称	发生时间	发生地区	重灾地点
“4.15”强对流天气	4 月 15 日下午至夜间	中部部分地区及东南部地区	彭水
“6.7”暴雨	6 月 6 日夜间至 8 日白天	荣昌、铜梁、合川、北碚、巴南、南川、万盛、云阳、酉阳、忠县	酉阳、忠县
“6.20”暴雨	6 月 19 日夜间至 21 日夜间	奉节、梁平、万州、忠县、渝北、南川、长寿、涪陵、万盛、巴南、云阳	涪陵、奉节、万州、南川、梁平、长寿、巴南、渝北、云阳
“6.28”暴雨	6 月 28 日白天至 30 日上午	北碚、巴南、潼南、渝北、荣昌、涪陵、垫江、梁平、长寿、江津、万州、开县、巫山、丰都、巫溪、奉节、石柱	万州、开县、垫江、江津、巫山、丰都、巫溪、奉节、梁平、巴南、石柱
“7.9—13”渝东北暴雨	7 月 9—13 日	城口、开县、云阳	城口、巫溪、万州、开县、酉阳
“8.3”渝西大暴雨	8 月 2 日夜间至 5 日白天	潼南、铜梁、璧山、合川、北碚、渝北、沙坪坝、巴南、江津、綦江、大足、万盛、巴南、长寿、荣昌	巴南、铜梁、潼南、綦江、璧山、大足、江津、渝北、合川、北碚、万盛、长寿、荣昌
“8.22”强对流天气	8 月 22 日下午至夜间	中东部局部地区	黔江
“8.26”局地风雹	8 月 26 日下午至夜间	南川及东北部局部地区	万州、南川
“8.29”暴雨	8 月 28 日夜间至 29 日	荣昌、合川、铜梁、璧山、万盛、南川、垫江、奉节、黔江、秀山、巫溪、大足、万州	巫溪、大足、万州
盛夏伏旱	6 月底至 9 月上旬	重庆市大部地区	黔江、彭水、丰都、秀山、潼南
“9.19”暴雨	9 月 19—20 日	璧山、忠县、开县、奉节、巫山、黔江、秀山、云阳、万州、彭水、石柱	黔江、云阳、万州、奉节、彭水、石柱

附表 2.5　2010 年重庆市重大气象灾害过程统计表

过程名称	发生时间	发生地区	重灾地点
冬春连旱	2009 年 12 月 1 日—2010 年 3 月 21 日	重庆市各地均出现不同程度的气象干旱	荣昌、永川、沙坪坝、綦江、丰都、梁平、云阳、巫溪、彭水、黔江、酉阳
“5.6”强风雹暴雨	5 月 5 日夜间至 6 日夜间	长寿、涪陵、丰都、梁平、忠县、武隆、酉阳、秀山、垫江、彭水、黔江、石柱	垫江、涪陵、梁平、彭水、长寿、丰都、石柱、黔江
“6.7”暴雨	6 日夜间至 8 日白天	开县、云阳、巫溪、奉节、巫山、石柱、黔江	黔江、巫溪
“6.19”暴雨	6 月 18 日夜间至 19 日夜间	大足、沙坪坝、荣昌、永川、璧山、江津、巴南、綦江、万盛、彭水、酉阳、秀山、武隆、铜梁、黔江、南川	酉阳、南川、大足、彭水、巴南
“6.23”暴雨	6 月 22 日夜间至 23 日夜间	万盛、江津、巴南、南川、綦江、酉阳、秀山、永川	江津、酉阳、万盛、永川
“7.4”暴雨	7 月 3 日夜间至 5 日白天	荣昌、永川、铜梁、璧山、沙坪坝、江津、长寿、垫江、石柱、忠县、涪陵、潼南、合川、北碚、大足、万州、巫溪	潼南、大足、铜梁、永川、璧山、万州、合川、巫溪
“7.8”暴雨	7 月 8 日白天至 10 日夜间	大足、潼南、永川、铜梁、荣昌、北碚、江津、万盛、巴南、南川、涪陵、丰都、垫江、梁平、忠县、石柱、彭水、黔江、酉阳、渝北、武隆、万州、綦江、巫山	彭水、黔江、万州、涪陵、丰都、綦江、石柱、大足、永川、巫山
“8.1”大风	8 月 1 日午后至夜间	沙坪坝、北碚、大足、璧山、长寿、江津、彭水	江津、彭水、璧山
“8.14”暴雨	8 月 14 日白天至 15 日夜间	开县、巫溪、奉节、巫山、垫江、忠县、石柱、万盛、长寿、梁平、万州、云阳	开县、万州
“8.21”暴雨	8 月 21 日白天至 22 日夜间	城口、潼南、大足、荣昌、永川、江津、秀山	秀山
“9.6”暴雨	9 月 5 日白天至 7 日上午	潼南、北碚、合川、渝北、长寿、垫江、开县、云阳、巫溪、梁平、万州、忠县	
伏旱	7 月下旬至 8 月中旬前期	中西部局部地区	沙坪坝、万盛、丰都、南川

附录三　主要参考文献资料

重庆市气候中心. 重庆市 2006 年气候影响评价.
重庆市气候中心. 重庆市 2007 年气候影响评价.
重庆市气候中心. 重庆市 2008 年气候影响评价.
重庆市气候中心. 重庆市 2009 年气候影响评价.
重庆市气候中心. 重庆市 2010 年气候影响评价.
中国气象局. 2008. 中国气象灾害大典. 重庆卷. 北京:气象出版社.
中国气象局. 2006. 中国气象灾害年鉴(2006). 北京:气象出版社.
中国气象局. 2007. 中国气象灾害年鉴(2007). 北京:气象出版社.
中国气象局. 2008. 中国气象灾害年鉴(2008). 北京:气象出版社.
中国气象局. 2009. 中国气象灾害年鉴(2009). 北京:气象出版社.
中国气象局. 2010. 中国气象灾害年鉴(2010). 北京:气象出版社.